U0887095

环境信用监管体系研究

RESEARCH ON THE ENVIRONMENTAL CREDIT SUPERVISION SYSTEM

李 萱 韩文亚 程 玉 文秋霞◎著

中国环境出版集团·北京

图书在版编目（CIP）数据

环境信用监管体系研究 / 李萱等著. -- 北京：中国环境出版集团，2024.12. -- ISBN 978-7-5111-6092-8

Ⅰ. X321.202

中国国家版本馆 CIP 数据核字第2024PF5260号

责任编辑 韩 睿
装帧设计 庄 琦

出版发行 中国环境出版集团
（100062 北京市东城区广渠门内大街 16 号）
网　　址：http://www.cesp.com.cn.
电子邮箱：bjgl@cesp.com.cn.
联系电话：010-67112765（编辑管理部）
010-67112736（第五分社）
发行热线：010-67125803，010-67113405（传真）

印　　刷 北京中科印刷有限公司
经　　销 各地新华书店
版　　次 2024 年 12 月第 1 版
印　　次 2024 年 12 月第 1 次印刷
开　　本 787 × 1092 1/16
印　　张 10.75
字　　数 131千字
定　　价 52.00 元

【版权所有。未经许可，请勿翻印、转载，违者必究。】
如有缺页、破损、倒装等印装质量问题，请寄回本集团更换。

中国环境出版集团郑重承诺：
中国环境出版集团合作的印刷单位、材料单位均具有中国环境标志产品认证。

前　言

环境信用监管源于生态环境部门在20世纪末为解决企业环境违法成本过低问题而发起的政策试点。从20世纪末至今，环境信用监管经历了长时间的实践探索和创新。近年来，随着社会信用体系建设的不断深化，环境信用监管作为社会信用体系的重要组成部分，逐渐获得更多的社会关注。自党的十九大提出健全环保信用评价以来，党中央、国务院在多部政策文件中提出相关政策表述：在实践层面，各地积极推行环境信用评价，探索实施信用修复、信用承诺等；在研究领域，学者对其从行政法学、行政规制、环境管理等视角开展理论分析与实践总结。

2024年7月15—18日，召开了中国共产党第二十届中央委员会第三次全体会议，审议通过了《中共中央关于进一步全面深化改革　推进中国式现代化的决定》（以下简称《决定》），提出构建环境信用监管体系；加快建立民营企业信用状况综合评价体系；加强事中、事后监管，规范涉民营企业行政检查；促进中介服务机构诚实守信、依法履责；健全社会信用体系和监管制度等，为环境信用监管体系的改革指明了方向。

生态环境部环境与经济政策研究中心（以下简称政研中心）环境信用研究团队，长期研究环境信用的理论依据、实践进展、国际经验等，为国家环境信用政策的制定提供决策支持。2023年，研究团队对我国环保信用制度的成效、进展进行了系统的总结和梳理，形成了《中国环保信用制度发展报告》，获得了良好的社会反响。2024年以来，为深入贯彻落实党的二十届三中全会提出的构建环境信用监管体系的要求，研究团队与北京航空航天大学法学院程玉老师合作，在《中国环保信用制度发展报告》研究的基础上，聚焦环境信用监管的作用机制与构成要素，从环境信用监管体系的主体、客体、主要政策手段等方面，分析环境信用监管体系的内涵和外延，并系统梳理环境信用监管的政策法律依据及其实施现状，根据最新的公开数据进行归类、总结，希望能客观呈现当前环境信用监管体系的政策和实施情况，从中识别问题、总结经验。

环境信用监管体系是社会信用体系的必要组成部分，本书基于对社会信用体系建设的制度理解，结合当前生态环境监管需求，提出了对环境信用监管体系政策框架的构想。我们认为，目前的环境信用监管体系以政府主导的环境信用评价为主要内容，环境信用信息较为宽泛、分散，信用分级分类监管措施正在逐渐融入生态环境监管体系中，激励惩戒措施也是以市场化的信用惩戒手段为主。未来，建议应着重推进制度规范的统一，合理确定评价对象范围，严格界定环境信用信息范围，统一并规范信用评价标准与方法。同时，要深化评价结果在生态环境监管各环节的融合应用，完善守信激励和失信惩戒机制，加快推进全方位、多层次、高效率的环境信用监管体系构建。

希望本书的出版能进一步推动社会各界共同关注环境信用监管体系的改革和发展，并为社会信用体系的发展、信用监管的理论研究提供生态环境领域的政策和实践经验，为环境信用监管体系的改革提供参考，为加快构建环境信用监管体系贡献一份力量！

作 者

2024 年 12 月

目　录

导 论

环境信用监管通过实施信用评价、信用信息记录、信息公开和共享、联合奖惩等多种措施，将分段式监管整合为贯穿事前、事中、事后的全生命周期监管，将常规监管优化为分级分类监管，具有柔性、非强制性特点，能灵活调节不同环境监管手段的松紧程度，是平衡“放得活”与“管得住”的重要工具。

党的二十届三中全会审议通过了《决定》，提出构建环境信用监管体系，并将健全社会信用体系和监管制度作为市场经济基础制度的重要内容，且在市场经济基础制度、社会主义市场经济体制等重大议题中均有涉及，体现了党中央、国务院对创新和完善环境信用监管的更高层次要求。环境信用监管体系不仅是生态环境治理体系的重要内容，作为社会信用体系的必要组成部分，更是协同推进经济高质量发展和生态环境高水平保护的有力政策工具。通过环境信用信息共享和公开、环境信用评价优化资源配置，实施信用承诺告知、信用差异化监管、信用修复、信用联合奖惩等措施促进形成良好营商环境，这对促进国民经济循环高效畅通、构建新发展格局具有重要意义。

党的二十届三中全会提出的构建环境信用监管体系是一个全新的政策表述。什么是环境信用监管体系？其与目前正在实施的环境信用评价是什么关系？应该怎样构建环境信用监管体系？这些问题亟待解答。

近年来，环境信用监管、环境信用评价相关研究受到理论界越来越多的关注。王瑞雪认为，环境信用评价采取的是“综合评价”模式，应当迈向“谦抑型信用监管”①。陈海盛、沈满洪提出绿色信用制度具有动态性、权衡性、见效快的典型特征②，其与中国绿色经济发展呈倒“U”形关系。应瑛、陈海盛、沈满洪提出，绿色信用制度运行的核心逻辑是信用环境牵引并对交易成本适度敏感，从而更加注重回应社会需求[3，4]。王莉提出环保信用评价是单向化的政府行政管理模式，应当进行制度重构，从政府本位转换到市场本位⑤。王华介绍了印度尼西亚的污染控制评级计划，认为信息手段可以不必依赖成熟的法制行政机制，而通过社区和市场发挥作用⑥。王远、陆根法、罗铁群等分析了早期试点单位镇

①王瑞雪．公法视野下的环境信用评价制度研究 [J]．中国行政管理，2020，4：128.

②陈海盛，沈满洪．绿色信用制度理论研究：文献综述与展望 [J]．中国人口·资源与环境，2023，33（10）:61-72.

③应瑛，陈海盛，沈满洪．中国环境信用制度变迁：演进逻辑与动态轨迹 [J]．征信，2024，7：6.

④陈海盛，沈满洪．中国绿色信用制度的建设经验、定量评估与优化思路 [J]．环境经济研究，2023，8（1）:117-136.

⑤王莉．我国企业环保信用评价制度的重构进路 [J]．法学杂志，2018，10:100-105.

⑥王华．污染控制的信息手段及其在中国的应用 [J]．中国环境科学，2000（3）:268-272.

江市的企业环境行为5色分级体系及其实施成效[①]。王莉、王琳瑜从具体的内容设计出发，指出企业环保信用评价制度写入环境法典应当在总则中设定参评主体及评价标准的原则性条款，在“绿色低碳发展编”中设定评价结果应用的具体规则[②]。张胜从环境信用评价的概念内涵、制度效果出发，指出企业环境信用评价制度存在的内涵与外延有所不足、社会化程度不高、评价结果对企业的约束性不够的问题[③]。政研中心研究团队曾经从实证角度出发，通过对我国31个省（区、市）所发布的企业环境信用评价政策文件进行梳理与剖析发现：政策实施成效显著，但执行中仍存在缺乏统一标准规范、评价结果难以实现跨区域互认、企业参评意愿有待提高等问题[④]。安蔚、钱文敏、杨宗慧等通过对我国31个省（区、市）政策执行现状进行分析，认为其缺乏健全的法律和制度体系、缺乏完善的信息共享机制、缺乏合理的评价主体结构等[⑤]。

环境信用监管体系涉及多元主体参与，环境信用评价主体、第三方机构等权利义务关系受到学者关注。莫张勤指出，企业环保信用评价制度的

①王远，陆根法，罗轶群，等．工业污染控制的信息手段：从理论到实践 [J]. 南京大学学报（自然科学版），2001（6）:743-748.

②王莉，王琳瑜．企业环保信用评价制度写入环境法典的正当性 [J]. 河南师范大学学报（哲学社会科学版），2023，2：54.

③张胜．关于我国企业环境信用评价的若干思考和建议 [J]. 环境保护，2017，20：40.

④文秋霞，杨姝影，夏扬，等．企业环保信用评价政策实施研究 [J]. 中国环境管理，2020，4：101-102.

⑤安蔚，钱文敏，杨宗慧，等．我国环境信用评价体系建设制度研究与政策建议 [J]. 四川环境，2021，3：179-180.

关键性问题是制度主体单一，缺乏多元主体参与，特别是第三方评估机构与公众参与[①]。王莉提出第三方机构可以替代生态环境部门作为环保信用评价主体，并从权益配置、协同监管、责任负担等方面探索相应保障规范的健全路径[②]。张江玲指出要尽快出台相关文件明确第三方机构在环境信用信息的采集和使用方面的权利与义务，使第三方环保信用机构在环境信用信息的征集和评价过程中有法可依，按照有关法律法规的标准，承担环境信用评价责任，从而保证环境信用信息的收集和信用评价的展开[③]。

环境信用信息是环境信用监管的客体，在环境信用监管体系中发挥着基础性作用。关于环境信用信息的研究，目前主要体现为对环境信用评价指标的讨论。王莉指出企业环保信用评价指标体系产生了企业环保信用等同于守法的悖论，无法客观有效发挥企业环保信用评价制度的作用，应当从诚信度、合规度和践约度三个维度对我国企业环保信用评价指标体系进行建构[④]。环境信用激励惩戒措施也是学者关注的重要内容。尹建华、弓丽栋、王森将环境信用惩戒作用概括为“惩戒牢笼”，被失信惩戒所捕获的企业，在惩戒牢笼中将受到两个维度的共同作用，一是企业边界成本的增加，二是企业声誉的下降。该项研究论证了失信惩戒与企业创新存在显

①莫张勤．反思与重构企业环境信用评价的中国实践——以多元主体参与为视角［J］．商业经济研究，2017，2：125.

②王莉．企业环保信用评价主体的适格性法理［J］．政法论丛，2024，4：158.

③张江玲．我国企业环境信用评价制度法制化的思考［J］．四川环境，2017，2：106.

④王莉．我国企业环保信用评价指标体系的三维建构［J］．江西社会科学，2019，6：197-198.

著的负向因果关系[①]。张国兴、邓娜娜、管欣等从环保信用评价的制度影响出发，基于30个省级面板数据评估环境信息公开的政策效果，发现环境信息公开可以通过调整产业结构和促进技术创新来减少企业污染物排放[②]。张鲁萍聚焦环境领域失信联合惩戒行为的法律性质与合法性，分析政策运行机制，提出完善制度供给、优化合作机制、畅通协作机制等政策建议[③]。政研中心研究团队基于18个省（市）回收的3 698份问卷和针对行业协会、企业的专题访谈，调查环保信用评价管理政策对企业的影响。调查发现：多数企业愿意参与环保信用评价；环保信用评价有助于改善企业环境行为；过半企业不完全了解环保信用信息的范畴；企业更关注增加成本与工作量、评价结果应用范围小、信息权益保护等问题；企业对行政许可、财政资金支持、公共资源交易等政策措施敏感；应充分关注环保信用评价对小微企业的影响，注重环保信用信息的规范化管理，审慎公开环保信用评价结果，强化对企业环保信用信息的保护等[④]。

本书聚焦环境信用监管体系，基于环境信用监管的理论逻辑，建立主体—客体—手段的分析框架，对其进行要素化解析，分别从主体、客体、

①尹建华，弓丽栋，王森．陷入“惩戒牢笼”：失信惩戒是否抑制了企业创新？——来自废水国控重点监测企业的证据 [J]．北京理工大学学报（社会科学版），2018，6：9-17.

②张国兴，邓娜娜，管欣，等．公众环境监督行为、公众环境参与政策对工业污染治理效率的影响：基于中国省级面板数据的实证分析 [J]．中国人口·资源与环境，2019，1：144-151.

③张鲁萍．环境领域失信联合惩戒：实践展开、制约因素与规制路径 [J]．征信，2022，6：28-34.

④李萱，韩文亚，侯东林，等．环保信用评价政策对企业影响的调查分析 [J]．征信，2023，41（10）:72-81.

手段三个方面解析环境信用监管体系的内涵和外延，勾勒出环境信用监管体系的政策框架。在基本明晰环境信用监管体系的主体、客体、手段的基础上，详细梳理各地环境信用监管的政策实践，对环境信用相关政策文件以及实施措施进行分类、总结，并分析相关国际经验。最后，根据社会信用体系建设的基本要求以及环境信用监管政策目标的转变，提出优化环境信用监管体系政策建议。

在研究方法上，一是采用文本分析方法。基于时间线索、地域范围、政策文件效力位阶等，收集整理环保信用评价与社会信用体系相关政策文件，分析政策文件中体现出的制度主要目标、内容与政策手段，总结我国环保信用制度的基本政策框架。二是采用历史分析方法。梳理、回顾环境信用监管体系发生、发展的历史过程中采用的政策手段和工作机制，对其进行总结、归类，明确环境信用监管体系的内涵和范畴等。三是采用调研分析方法。通过召开部门座谈会、专家研讨会等方式，检索网络上环保信用评价的实践资料。分析各地环境信用监管现状，本书选取相关数据的时间为2022—2024年。调研环保信用制度实施成效，聚焦环保信用制度对政策作用对象的影响，分析其在实施中存在的主要问题，总结我国环保信用制度实践进展。四是采用比较研究方法。梳理总结相关国际经验，与我国环境信用监管的实践进行比较研究，分析其相同点与不同点。

第一章
信用监管的理论逻辑

信用在我国有深厚的历史渊源。在传统文化语境中，信与用是分开出现的。孔子言，“人而无信，不知其可也”；孟子将信视为“五伦”之一，“父子有亲，君臣有义，夫妇有别，长幼有序，朋友有信”；韩非子曰，“小信成则大信立”。信用不仅是伦理层面的修养和道德问题，古人还十分强调“信用”在实践中的效用。“信用”中的“用”可以理解为用处、功用。管子指出：“赏罚信于其所见，虽其所不见，其敢为之乎？”赏罚有了兑现的后果，即使未亲身经历的人也不敢胡作非为。韩非子认为：“信名，则群臣守职，善恶不逾，百事不怠；信事，则不失天时，百姓不逾；信义，则近亲劝勉，而远者归之矣。”名、事、义等方面都重视并践行信用，才能使群臣坚守本职，百姓不逾越本位，万民前来归附。在此意义上，可以说，信用是主体的内在道德与行为规约的集中体现，自古就蕴含了社会治理的含义。

在现代社会中，信用更多是指相关主体长时间内累积的信任和诚信度。在现代市场经济体系中，“信用”被视为市场经济运行的基础性要素。《辞海》（第六版）中对信用作的界定为信任、遵守诺言、以偿还为条件的价值运动的特殊形式。《大英百科全书》主要从商品交易的角度对信用的基本内涵进行解释，信用（credit）是指交易双方中的一方（债权人或贷款人）提供货币、货物、服务或证券以换取另一方（债务人或借款人）承诺未来支付的交易。这种交易通常包括向贷方支付利息。可以看出，现代语境中，信用主要是指商品交换中的借贷和预期支付行为。

简单来说，中国传统语境中的信用重人伦、重义理，西方文化语境中的信用重契约、重实用。而环境信用与前文所述信用的内涵既有区别，又有关联。

我国自20世纪末开始，在部分地方试点探索推行企业环境信息公开与企业环境行为评价。企业环境行为评价随着社会信用体系建设的逐步深化、生态环境监管需求的不断发展，逐步演变为现在的环境信用监管体系。

环境信用监管体系是社会信用体系的必要组成部分。社会信用体系建设中的社会信用是一个含义极为宽泛的范畴。根据《社会信用体系建设规划纲要（2014—2020年）》（以下简称《信用建设纲要》）的规定，社会信用体系建设覆盖政务诚信、商务诚信、社会诚信和司法公信四个重点领域。其中，社会诚信建设指向医药卫生、社会保障、劳动用工、教育科研、文化体育旅游、知识产权、环境保护、能源节约、社会组织、自然人信用、互联网应用及服务等。从信用监管的客体来看，信用的内涵已远超出经济信用的范畴，不仅包含传统意义上履行合同义务的状态，还包含遵守法定义务的要求①。可以说，如此庞大的社会信用体系建设，的确超越了征信或信用在西方和我国早先的含义②。信用监管不再局限于起初的金融征信制度以及后来的市场监管领域，已经扩展成为整个政府监管领域的基础性机制，并在政府治理、经济治理、社会治理等各方面发挥着更加显著的作用，成为推动治理现代化的重要制度③。

社会信用体系建设之所以能够不断拓展，主要是不同领域的信用监管背后共享着同一套制度逻辑。正是因为背后的制度逻辑相同，环境信用监管才能与其他领域信用监管实现协同，进而融入统一社会信用体系的建设过程之中。对环境信用监管的关注，自然无法脱离这套制度逻辑。把握信用监管制度的概念、作用机理、制度优势和构成要素等一般性理论，是思考和研究环境信用监管的前提。本书首先归纳信用监管的理论逻辑，以为后文奠定分析框架。

---

①例如，《上海市社会信用条例》第二条规定，社会信用是指具有完全民事行为能力的自然人、法人、非法人组织等主体在社会和经济活动中遵守法定义务或者履行约定义务的状态。由此可知，当前中国语境中的"社会信用"包含对法律的遵循和对合同义务的履行两层含义，同时具有经济治理和社会治理两方面内容，属于广义的诚信概念（大致可以对应英文中的integrity、reputation、honor 等词语的含义），而不再仅指经济信用（credit）。

②沈岿．社会信用体系建设的法治之道 [J]．中国法学，2019，5：25-46.

③王伟．信用监管的制度逻辑与运行机理：以国家治理现代化为视角 [J]．科学社会主义，2021，1：152-161.

第一节
信用监管的概念

《中华人民共和国国民经济和社会发展第十四个五年规划和2035年远景目标纲要》和《法治政府建设实施纲要（2021—2025年）》均对信用监管机制给予了高度重视，明确提出要“健全以‘双随机、一公开’监管和‘互联网+监管’为基本手段、以重点监管为补充、以信用监管为基础的新型监管机制”。作为一种新型监管机制，有必要明确其概念内涵。目前，学界对信用监管的界定有两种方案：一是狭义的政府性信用监管，将监管主体限定为行政机关；二是广义的公共性信用监管，承认监管主体的多元化。

从既有成果来看，少数学者出于自身研究目的考虑将信用监管界定为由政府行政主体实施的信用监管。例如，“信用监管是指监管机关对市场主体的信用信息进行收集、评价，并在此基础上采取分类监管或给予相应奖励、惩戒，以促进监管目的实现的监管方式”①。“企业信用监管是市

①孔祥稳．作为新型监管机制的信用监管：效能提升与合法性控制［J］．国家行政学院学报，2022，1：146-148.

场监管部门对企业市场行为进行监管的一种新手段，是市场监管部门根据企业的市场行为是否合规、合法对其进行信用评级，进而实施分类监管的总称”①。

更多学者关注到监管主体的非行政性和多元性，采取了广义的信用监管定义。例如，“信用监管是由国家行政机关及法律法规许可的拥有公共管理权限的机构等多元主体在市场监管理论与治理理论指导下，依据法律法规及有关文件，在信息基础上，借助数字技术，通过信息共享、分级分类及精准智能监管等方式，对相对人的公共信用信息进行记录、归集、利用，并根据一定的指标体系展开评价、评级、分类，然后分别通过激励或惩戒来达到政府规制目的”②。“信用监管是行政机关或法律、法规授权的具有公共管理职能的组织对相对人的公共信用信息进行记录、归集、使用，并按照一定指标体系开展评价、评级、分类，进而分别采取激励或惩戒等措施，实现政府规制目的的行为”③。“政府规制中的信用工具，可以概括为行政机关以及法律、法规授权的具有管理公共事务职能的组织④，对在履行职责过程中产生或者掌握的公民、法人或其他组织公共信用信息，进行记录归集、评价分类、共享公开，通过分类管理

①倪楠．以信用为基础的新型市场监管模式：动因、框架与构建路径［J］．江海学刊，2020，5：237.

②韩家平．信用监管的演进、界定、主要挑战及政策建议［J］．征信，2021，5：40-61.

③袁文瀚．信用监管的行政法解读［J］．行政法学研究，2019，1：18-31.

④例如，《上海市公共信用信息目录（2014 版）》收录了七家公用事业单位和九家社会组织提供的相关信息，包括上海市燃气公司、上海图书馆、上海市消协、上海市美容行业协会等。

和联合奖惩措施来发挥作用的规制工具"①。还有学者将信用监管定性为一种新的社会治理模式，综合考虑治理依据、治理基础、治理对象、治理目的、治理手段等方面，将其定义为以行为事实与法律制度为治理依据，以信用记录/数据为治理基础，以满足法律条件要求的自然人和法人信用行为为治理对象，以打造诚信社会、规范行为人信用行为、提升社会治理效能为目的，综合利用信用公示、信用评价、联合惩戒、信用承诺、信用产品应用、信用修复和信用宣传等治理措施手段，贯穿治理全生命周期的新型治理模式②。

在现代社会，随着全面深化改革，监管的内涵和外延已不再局限于自上而下的行政主导、命令和强制，而呈现出更加柔性、更加市场化的特征。由此，第二种广义的概念定义方式更可取。在既有研究成果中，学界对信用监管的概念认知相对一致，基本上采取的定义方式是主体+客体+手段。

首先，在主体维度，信用监管主体包括"行政机关以及法律、法规授权的具有管理公共事务职能的组织"。当前提倡的多元信用监管正是社会信用监管内涵由狭义迈向广义、由小监管走向大监管的产物，其不仅是指监管主体由政府部门扩展到非政府的行业组织、第三方信用服务机构等主体，还指向中央政府与地方政府之间的多层次协调监管以及政府各部门之

①王瑞雪．政府规制中的信用工具研究[J]．中国法学，2017，4：158-173.

②刘叶婷，陈立松，隆云滔．以社会信用为基础新型治理模式的探索创新[J]．南方金融，2020，4：45-55.

间的多部门合作监管[①] 。

其次，在客体维度，信用监管指向的客体是“信用信息”。信用信息，根据《信用 基本术语》（GB/T 22117—2018），是指个人或组织在社会与经济活动中产生的与信用有关的记录，以及与评价其信用价值相关的各类信息。”由于信用信息应用于相关政府部门开展的信用监管，为防止信用泛化，保护企业合法权益，国家发展改革委会同有关部门对信用信息实施目录制管理，自 2021 年以来分年度制定《全国公共信用信息基础目录》，严格界定公共信用信息范围，目前已发布了 2021 年版、2022 年版、2024 年版、2025 年版。《全国公共信用信息基础目录》规定。公共信用信息，是指国家机关和法律、法规授权的具有管理公共事务职能的组织在履行法定职责、提供公共服务过程中产生和获取的信用信息，公共信用信息来源于法律、法规或者党中央、国务院政策文件规定。除公共信用信息外，在信用监管实践中还有行业信用信息。行业信用信息是指行业主管部门在开展行业信用监管过程中用于识别、分析、判断信用主体信用状况的信息。行业信用信息可以在公共信用信息基础上，适当补充公共信用信息范围之外的其他信用信息，但也应当有明确、权威的政策依据。行业信用信息一般来源于行业主管部门在行业监管中产生或获取的行政处罚文书、行政管理文件等。

最后，在手段维度，信用监管是指对信用信息的处理，包括“记录、

①陈丽君，杨宇．构建多元信用监管模式的思考 [J]. 宏观经济管理，2018，12：10.

归集、分类、评价，以及信用激励或惩戒措施”。本书认为，信用监管应包括两层含义：已有概念一般仅涉及第一层含义，即作为规制工具的信用监管；第二层含义是针对信用监管主体开展信用监管工作施加的监管。在此意义上，信用监管是监管机构依据相关信用法规和信用市场发展状况，对信用市场参与人行为、信用产品和信用关系运行进行监督、规范、控制和调节等一系列活动的总称①。信用监管机制可以定义为，“信用监管主体（主要是政府部门及其相关组织，以及特定条件下的市场主体），以信息技术为支撑，综合运用行政、经济、法律、社会手段对个人、企业、社会组织、政府等主体的社会信用行为进行监督管理的一整套机制和组织机构的总和”。

从监管手段来看，相较于传统监管执法手段，具有“回应型规制”色彩的信用监管，能够起到节省行政资源、有效辨识风险与提高监管效能的重要功用②。信用监管是精准化监管，能够提高行政执法的精确度。从行政机关的角度来看，信用监管的核心内容是通过信用状况的分级分类实现对监管执法资源的优化配置，将有限的监管资源集中在风险较大或信用记录不良的企业上，走向精准监管③。对信用状况较好的市场行为主体，监

①周洪美，裴飞，杨培培．博弈论视角的信用监管和风险监管关系探析［J］．中国标准化，2023，9：97-101.

②卢超．事中事后监管改革：理论、实践与反思［J］．中外法学，2020，3：783-800.

③胡仙芝，马长俊．市场信用监管的政府责任及其实现机制［J］．中国行政管理，2020，3：40-44.

管机关可推定其守法合规的可能性更高，从而减少检查频次；对于存在严重失信记录的市场行为主体，则推定其违法风险较高，从而增加检查的频次。在此意义上，监管机关可以超越个案，利用其所掌握的整体数据，更好地把握违法行为的时空分布，从而进行更加精细的监管安排，这也是数字经济时代“大数据执法”“预测型执法”的内在逻辑[①]。

---

①孔祥稳．作为新型监管机制的信用监管：效能提升与合法性控制 [J]. 国家行政学院学报，2022，1：146，148-149.

第二节
信用监管的作用机理

我国信用监管由金融征信领域起步，在市场监管领域得到了极大拓展，最终形成了在多领域广泛适用的以信用为基础的新型监管机制。2018 年国务院新一轮机构改革后，国家发展改革委、国家市场监督管理总局、国家知识产权局、自然资源部、海关总署等部门的“三定规定”设立了专门的信用管理部门或确立了相应的信用监管职能。由此，信用监管已成为当前不同领域监管部门在实施监管时倾向于采用的重要监管制度和基础性监管策略，并且信用监管的运行有了正式的组织体系支撑。

信用监管机制正在成为一种强大的整合性、基础性规制工具。其为什么被称为新型监管机制？为什么能够发挥预期的功效？有必要厘清其作用机理。

《国务院办公厅关于加快推进社会信用体系建设构建以信用为基础的新型监管机制的指导意见》（国办发〔2019〕35 号）从信用监管的全流程对以信用为基础的新型监管机制提出了较为具体的政策要求，主要包括事前信用监管、事中信用监管和事后信用监管，每个环节又包含了若干相应的政策措施。信用监管强调依托信用信息对市场主体的违法风险进行判断，并以针对性的监管安排防范、控制风险。在事前阶段，开展承诺告知、容缺受理等信用承诺，以信用承诺为基础，监管部门适当放松对监管对象在准入和生产等环节所需资格和条件的审查、监管，激发市场主体的自我约束动力。在事中阶段，开展信用信息记录与分类管理、综合性的信用评价、分级分类监管，促使监管对象优化内部监管体系，有利于实现执法资源的优化配置，实现精细化监管，大幅提高监管效能。在事后阶段，推动实施联合惩戒，通过影响监管对象的成本与收益，并激励监管对象履行社会责任，实现监管目标。信用监管的跨部门联合惩戒措施在监管效果上具有延展性，在作用时间和范围上均呈现出扩展态势，会向未来充分延伸，并在司法、行政、行业、市场、社会领域延伸，从而形成一种合力监管，这会对信用主体未来一段时间内的权益、机会、资格形成贬损。

具体而言，总结政策文件以及学界研究关于信用监管的作用机理，主要体现在以下四个方面：一是规制强化，对现有行政规制手段进一步补充、强化；二是后设监管，激发、督促监管对象开展自我监管；三是整合监管，将具有整合性的信用信息作为监管客体；四是回应型监管，加强监管措施的动态性、权衡性。

一、规制强化

尽管《信用建设纲要》明确社会信用体系建设的目的是提高全社会的诚信意识和信用水平，但根据《信用建设纲要》的内容和社会信用体系建设实例可知，社会信用体系建设的真实目的并非发起一项道德建设工程，而是预期加强法律的实施，进而提升社会整体道德水平[①]。戴昕在以整体性视角观察中国社会信用体系建设实践时也得出类似结论，其认为制度实践者在理解社会信用体系建设工作的内涵时，主要依循的其实是“规制强化”的逻辑，即以额外制度激励补强既有法律约束。谋求实现“规制强化”的具体方案，简单概括为“一处失信、处处受限”[②]。由此可知，国家引入信用监管的目的是充分利用信用监管机制的规制优势以充分、有效应对当前的监管挑战。

传统监管机制针对拒不履行生效判决、交易欺诈、假冒伪劣、违规排污等行为未能实现有效约束，主要在于规制者在现有体制下能调动的信息和激励资源均不足。在“放管服”改革全面深化推进过程中，市场准入前置审批放宽导致的市场主体数量呈“井喷式”增长，技术革新带来的信息鸿沟，使传统监管面临的任务更加艰巨。

如何在“执法负荷繁重与公共执法资源不足的双重约束”下有效整合多元主体的监管力量，充分发挥行业自律与社会共治作用，实现从“严进宽管”到“宽进严管”的转变，是政府面临的新考验[③]。在此背景下，仅依赖社会道德消除或断续式的行政处罚阻断市场主体失信行为造成的危害，根本不可行。以“基础性”“整合性”“精准化”为特征的信用监管

①沈岿．社会信用体系建设的法治之道 [J]．中国法学，2019，5：25-46.

②戴昕．理解社会信用体系建设的整体视角法治分散、德治集中与规制强化 [J]．中外法学，2019，6：1469-1491.

③陈丽君，杨宇．构建多元信用监管模式的思考 [J]．宏观经济管理，2018，12：45-54.

具有的制度优势能够发挥“规制补强”或“规制强化”的作用，成为应对当前监管挑战的可行之策。具言之，信用监管的确有助于弥补传统监管机制的不足，实现监管资源优化配置，降低监管的制度性交易成本，进而促进新型监管体系全面升级。有学者明确指出，信用监管作为“放管服”改革的重要举措，是服务改革和发展需要的基础性、支撑性机制，在推动政府职能转变以及监管方式优化等方面成效突出，是优化治理格局、推动治理现代化的重要制度创新①。

二、后设监管

对信用监管制度优势的理解与把握，须立足于信用监管的作用机理。学界普遍认为，信用监管能够发挥效力，是因为其制度内容包含了“声誉机制”“奖惩机制”。具言之，监管主体可以通过信用承诺、信用公示评价，以及根据不同信用水平施加的分级分类监管和信用联合奖惩等监管措施，实现“通过信用约束市场主体的行为”，对市场主体行为的“成本收益结构”产生影响，使其行为合法、合约。但此种观点并未揭示出信用监管机制与传统监管机制的区别，事实上，传统监管机制也是通过改变市场主体行为的成本收益结构发挥作用。

后设监管理论可以用来理解信用监管机制的特殊作用机理。从监管主体和被监管对象的角度来看，信用监管实际上遵循的是反身法理念，旨在

①张毅，王宇华，黄菊，等．信用监管何以有效？——基于后设监管理论的解释［J］．中国行政管理，2021，10：81-87.

督促企业实现自行监管，这一点与后设监管理论不谋而合。后设监管理论认为，市场主体的内部监管机制应当优先发挥作用，政府监管部门的职责是充分保障上述力量能够有效发挥作用，当市场主体内部监管机制无效时再行使外部监管权力。可以说，内部监管体系的建立健全也能为市场主体带来社会认可和尊重，追逐经济利益不再是其唯一的目标。

后设监管理论发挥作用可归纳为三项动力机制：①监管对象享有一定的监管自主权；②监管对象可以获得成本—收益的平衡与改进，即监管对象建立内部监管体系的成本可以小于内部监管所带来的收益；③监管对象愿意履行社会责任。前述三项动力机制为信用监管实现有效的市场监管提供了一种很好的理论解释工具。具言之，信用承诺在事前阶段赋予市场主体一定的内部监管自主权，分级分类监管在后续阶段动态调整市场主体的内部监管自主权，并影响市场主体的成本—收益考量结果，而信用承诺同时影响市场主体的成本—收益结果以及社会责任形象。从逻辑关系上看，信用承诺是信用监管有效性的基础，分级分类监管和失信联合惩戒构成了信用监管有效性的保障。上述三项动力机制共同发力，促使市场主体建立内部监管体系并加强自我监管，最终实现有效的市场监管[①]。这种自我监管模式将有助于从根本上解决企业的违法违约问题，增强其守法、守约自觉性，促进社会治理由“外部监督管理”向“内

①张毅，王宇华，黄菊，等．信用监管何以有效？——基于后设监管理论的解释 [J]．中国行政管理，2021，10：81-87.

部自我治理”转变。这正是传统监管机制或者制度无法或者较难实现的规则效果。正如有学者所言，“市场信用监管则是以市场经济的有序竞争为主，监管部门的有为干预为辅，通过信用信息归集公示缓解市场信息不对称问题，通过信用激励与约束引导市场行为增强正外部性、减少负外部性，通过信用分类监管最大限度地降低对企业正常经营活动的干扰”①。

三、整合监管

从信用监管的客体来看，信用监管也具有特殊性。传统监管执法（如行政处罚）关注行为主体在特定时空背景下的个别行为，而信用监管针对的是行为主体在特定时空背景下的整体信用状况（违法失约状况）而非具体行为。其中，信用状况一般是指诸多守信、失信行为信息的集成，是多行为、多事项的综合累积结果。因此，信用监管的基础性工作是按照标准化指标体系对行为主体全生命周期内（或者特定时空背景下）产生的公共信用信息进行归集、共享和披露，以发现其信用变化情况，对信用状况进行认定。在信用监管体系中，信用状况认定并非最终目的，其服务于信用监管措施的选择与实施，如分类监管和奖惩机制。经研究可知，信用监管机制具有明显的整合性特征。其一，信用状况的认定需要整合企业多方面的公共信用信息。为了发挥信用监管功效，需要推动

①胡仙芝，马长俊．市场信用监管的政府责任及其实现机制 [J]. 中国行政管理，2020，3：40-44.

信用信息整合从狭域走向广域，促进分布在不同主体之间的政务信用信息、商务信用信息、社会信用信息融合，促进分散在不同层次、不同部门的政府公共信用信息共享，达到更大集合、更深层次的信用信息分析和运用[①]。其二，行为主体的信用信息遍布于其生命周期内的各个阶段，因此信用监管能够发挥衔接、融合多元监管工具的作用，将一系列关联的监管制度整合为耦合的监管体系。例如，风险监管与信用监管相结合[②]，“双随机、一公开”与信用监管相挂钩（对不同信用水平、风险程度的监管对象进行差别化随机抽查），以及大数据监管与信用监管相支撑等[③]。《国务院关于在市场监管领域全面推行部门联合“双随机、一公开”监管的意见》（国发〔2019〕5号）中明确提出：“在市场监管领域健全以‘双随机、一公开’监管为基本手段、以重点监管为补充、以信用监管为基础的新型监管机制。”其三，信用监管还有助于整合监管主体合作，发挥融合多元规制主体的功效。特定监管主体基于行为主体的信用情况对其作出分级分类判定，并以此作为其第二张身份证明——信用“身份证”，能够为不同部门、不同地区、不同机构及社会公众分别采用各自不同的治理措施提供便利条

①胡仙芝，马长俊．市场信用监管的政府责任及其实现机制［J］．中国行政管理，2020，3：40-44.

②具言之，在事前进行承诺告知、信用信息披露，在事中依据信用风险进行分类监管，结合大数据分析和第三方信用评价进行风险预警，及早防范和化解风险。

③具言之，大数据监管与信用监管相支撑，各类信用信息整合、信用风险监测预警、信用应用服务开发等业务的实现都基于“互联网+”平台及大数据、人工智能、物联网等新一代信息技术的支撑，监管数据可比对、过程可溯源、问题可监测的技术赋能助推了信用监管效能提升。

件。事实上，信用监管工具还有助于将市场和社会中的多元治理主体制度化地纳入治理体系，其能够以简明的形式向行业协会、社会组织、金融机构、第三方征信机构，以及公众展示被监管主体的信用状况，并为扮演重要角色的治理主体推荐了相应的行动框架。总之，信用监管工具将经济规制、社会规制和个体自律整合起来，成为多元主体合作、信息共享与交流、联合奖惩的整合性和创新性工具①。也正是具有整合性特征，信用监管成为新时期的基础性监管制度。

四、回应型监管

信用监管具有传统管制手段和经济手段难以比拟的优势。管制手段见效快、具有静态、强制性的特征，但存在管制俘获的隐患。经济手段见效慢、具有动态、可选择的特征，但存在市场失灵的隐患。信用监管与管制手段相比，作用时效上具有动态优势；与经济手段相比，见效速度又相对较快。此外，信用监管还具有权衡性的治理特征，既有偏强制性的信用联合奖惩措施，又有偏选择性的信贷优惠等激励性措施，政策工具更加丰富②。

从威慑效果来看，相较于传统监管执法，信用监管具有强化执法威慑力的制度优势。与以罚款为代表的传统行政制裁形式对相对人形成的仅是“点状”影响不同，信用惩戒措施大多具备效果上的延展性，在作用时间和范围上呈现出扩展态势，更多呈现出面向未来的“线状”和面向整个社

①王瑞雪．政府规制中的信用工具研究［J］．中国法学，2017，4：158-173.
②沈满洪，陈海盛，应瑛．绿色信用监管制度：理论逻辑、关系演化与实践路径［J］．浙江学刊，2023，2：122-132.

会的“面状”影响，且这种影响高度不确定，难以被准确计量[①]。具言之，信用分级分类监管对不同信用状况的市场主体所采取的监管措施，其所造成的影响效果可能并非当下完全终结，对市场主体未来的权益、资格、机会等可能也会产生影响。对于失信联合惩戒，其对市场主体行为的成本与收益结构会产生更深刻的影响。正所谓“一处失信，处处受限”，多部门共同对失信市场主体及其法人进行惩戒，在行政体系内部对市场主体施加全面影响，进一步放大了影响市场主体成本与收益的效果，实现了“守信者遍行天下，失信者寸步难行”的目标。按照前文提及的后设监管理论，此时市场行为主体在经过成本与收益综合考量以后，将更倾向于完善内部监管体系，不断提高信用状况。

国家治理现代化的内在逻辑表明，构建社会成员之间、国家与社会之间的信任关系乃是治理现代化合法性的重要基石，构成了国家治理理论的经验基础[②]。信用监管不仅符合现代社会遵循的普遍分配正义的结构（守信者有所得，失信者有所失），也与当前正在推进的“放管服”改革背景和制度初衷（宽进严出）契合，具有内在的制度正当性。与传统监管机制相比，信用监管以信用为基础，不仅以后设监管理论为依据，突出行为主体的自我监管，也呈现出过程监管、精准监管、整合监管等理念，在提高

①孔祥稳．作为新型监管机制的信用监管：效能提升与合法性控制［J］．国家行政学院学报，2022，1：146，148-149.

②王伟．信用监管的制度逻辑与运行机理：以国家治理现代化为视角［J］．科学社会主义，2021，1：152-161.

执法精准度、降低执法成本、强化执法威慑力等方面存在制度优势，有助于监管资源优化配置和监管效能提升。然而，值得注意的是，与信用监管强大的实效性相伴的是行政权力的联结和强化，这使其虽然能够以较小的制度成本促进整体治理效果的提升，但也的确存在一定的合法性风险①。为了避免这些风险，学界已经普遍认识到，有必要将信用监管纳入法治化的轨道②。

---

①孔祥稳．作为新型监管机制的信用监管：效能提升与合法性控制 [J]．国家行政学院学报，2022，1：146，148-149.

②江国华，欧莉．行政性信用监管的法治应对 [J]．财经理论与实践，2023，44（3）：154-160.

第三节
信用监管的主要政策手段

信用监管的政策手段，是指实现信用监管目标的方法和手段。对于信用监管手段的分析，有助于我们将复合型的信用监管进行要素式解析，更为清晰地贯穿信用监管的过程，并将其从整个行政监管体系中辨析出来，呈现信用监管的全貌。

信用监管从过程看以监管主体对信用信息的收集、存储和使用等处理（processing）行为为基本内容[①]。其核心结构和过程应当包括四个递进阶段，即信用信息记录归集、信用信息评价分类、信用信息共享公开，以及基于信用信息的分类管理与联合奖惩[②]。《国务院办公厅关于加快推进社会信用体系建设构建以信用为基础的新型监管机制的指导意见》（国办发〔2019〕35 号）对以信用为基础的新型监管机制提出了较为具体的政策要求，以事前信用监管、事中信用监管和事后信用监管的思路逐一明确了信用监管的每个环节，以及相应的监管手段。本部分从信用信息记录归集、信用

①戴昕．理解社会信用体系建设的整体视角法治分散、德治集中与规制强化 [J]．中外法学，2019，6：1469-1491.

②王瑞雪．政府规制中的信用工具研究 [J]．中国法学，2017，4：158-173.

评价、信用信息共享和公开、信用差异化监管措施这四个方面分析信用监管的主要政策手段。

一、信用信息记录归集

信用信息记录归集，是指信用监管主体以一定方式对信用信息进行记录，并汇总归集的活动。从法律性质角度来看，信用信息的收集归类属于事实行为，在未评级也未公开之前并不对相对人产生实际影响，因此不会涉及权力设定问题①。然而，信用信息记录归集的作用不容忽视。鉴于信用监管的核心是对行为主体信用状况的认定，信用信息记录归集构成了信用监管的基础性工作，其作用在于为信用工具提供事实基础。

一般而言，信用记录可以较为精准地描绘行为主体信用画像，了解其信用行为轨迹，研判其潜在信用风险并匹配适当的监管措施。信用信息的记录归集不仅依赖于一整套成熟的信用信息系统，还须明确信用信息的提供主体和种类范围。对于信用信息的提供主体，其并不仅限于监管主体（尤其是行政主体）和行为主体，还包括第三方主体，如行政主体或者行政相对人委托第三方信用评估机构根据各类主体信用记录所出具的综合性信用评估报告。

目前，苏州、南京、杭州、武汉等多个城市已经推出基于公共信用（社会信用）的信用报告，涵盖自然人主体与企业法人主体。例如，根据2017年《武汉市在行政管理和公共服务领域使用信用记录和信用报告的实

①张牧遥．市场信用监管权设定问题探究［J］．征信，2022，7：21-31.

施意见》（武信用文〔2017〕2 号），在武汉市工程建设、交通运输等多个行业领域引入信用报告机制，相关企业在参加工程建设项目招投标活动时需要提供社会信用报告，如果相关企业存在严重失信行为或者没有及时进行信用修复，则该企业不得参加招投标。对于信用信息的种类范围，完整的信用记录一般应当涵盖信用主体的基本信用信息、守信信息、失信信息以及信用修复过程信息。

为了确保信用记录归集的科学性和合法性，在社会信用领域，国家推行对信用信息实施目录制管理，形成了《全国公共信用信息基础目录（2021 年版）》《全国公共信用信息基础目录（2022 年版）》和《全国公共信用信息基础目录（2024 年版）》。从 2021 年的 11 类公共信用信息和 36 个公共信用信息采集的重点领域，到 2022 年的 12 类 119 项公共信用信息，再到 2024 年的 13 类 147 项公共信用信息，公共信用信息的种类和范围在不断增加。目录的更新主要结合新出台的法律、法规和党中央、国务院文件，进一步修改完善公共信用信息类别、具体条目及相关依据。同时，目录明确规定原则上按年度更新，通过建立动态管理机制，以利于信用主管部门和各行业主管部门协同对目录进行及时优化调整或增减，不断完善社会信用体系建设的制度内容①。

二、信用评价

信用评价也称信用评级，是将复杂信息简化为可供利用的简明表现形

①连维良．信用信息目录制管理的重要意义与阶段性成效［J］．中国经贸导刊，2024（15）：15-22.

式，用以作为判断相关主体信用状况的过程。具言之，信用监管主体以行为主体的各类信用信息为基础，按照事先规定的指标、方法和程序，对其特定时空环境下的整体信用状况进行认定和评价，确定信用等级，并向社会公开，供公众监督和有关部门、机构及组织应用。信用评级的实质是对行为主体进行信用风险评估，并根据评估结果对行为主体信用状况和风险程度进行差异化划分，进而匹配不同的监管措施。因此，信用评级构成了社会信用治理的重要抓手和中心环节，是开展后续信用监管措施的必要条件。在目前的法律实践中，信用评级的实施主体一般是信用监管主体，可能是行政机关，也可能是第三方机构。对于行政机关直接参与信用评价，目前学界仍有争议①。从信用评级的实施过程来看，监管主体在实施信用等级认定和信用风险评估的过程中，必须先确立本部门的信用监管指标体系、信用分类标准及信用风险评价程序，对市场主体在本部门监管范围内表现出的信用状况作出合法、有效的认定。对于第三方机构（包括信用评估机构和行业协会组织）作出的信用报告应当审慎使用，不可直接确认为行政性的信用评估结论，更不得将其作为信用惩戒的工具要素使用，仅可作为信用监管的间接参考②。值得注意的是，一般而言，如果信用评级并未向社会公开，自然不会对行为主体产生实质影响，此时应当归属于监管

①王伟．失信惩戒的类型化规制研究——兼论社会信用法的规则设计 [J]. 中州学刊，2019，5：152-162.

②江国华，欧莉．行政性信用监管的法治应对 [J]. 财经理论与实践，2023，3：1469-1491.

主体自身的内部决策。一旦信用评级结果向社会公开或者虽不公开但与那些实质上影响行为主体的监管措施具有牵连性，其可能会产生法律效果，应受到法律的规范和约束。有学者指出，信用评价或产生主体资质的区分与确认效果；或产生影响标准认证（如产生质量、特殊标志认证及认证撤回）、税收优惠、政府资金补贴、采购优先权授予或收回、评优评先确认或撤回等效果的监管行为——可纳入行政许可予以考量；或产生市场运用成本增加效果，如增加或降低检查频率和强度、限制高消费、限制项目参与、限制投资、限制贷款与融资等监管行为可纳入行政强制①。

三、信用信息共享和公开

信用信息是信用监管工具发挥作用的重要载体，信用信息共享和公开是指监管主体遵照相关法律法规将各类信用主体信用行为活动或行为记录通过信用平台或者系统联结与其他相关行政部门、金融机构、具有资质的第三方信用评级机构、行业协会商会等进行信息沟通，以及通过合法渠道向社会公众进行公开的过程。广义的信用信息不仅包括在生产生活过程中形成的各项信用信息，还包括监管主体在前述各项信用信息的基础上根据评估程序作出的信用状况认定信息。如果共享和公开的是信用评级信息，那么信用信息公开也可以理解为对信用评级结果的一种应用方式。从目前实践来看，我国并未严格区分。例如，《企业信息公示暂行条例》不仅规定了对企业部分经营信息、物权信息、股权信息、

①张牧遥．市场信用监管权设定问题探究［J］．征信，2022，7：21-31.

行政处罚、行政许可等单项信用信息的公开要求，还规定了类似于信用评价结果的公开要求，即失信企业名录制度。该名录制度分为两个失信评价等级，即以企业失信的严重程度为评价标准，将失信程度较轻的企业列入经营异常名录，将失信程度严重的企业列入严重违法企业名单。信用信息共享和公开的最终目的是为相对人或者其他监管主体提供信用信息来源，供其判断特定行为主体的信用状况，进而维护交易安全、增进社会信用、实现有效社会治理[①]，这自然会对失信行为人形成一定的威慑作用。从已有的信用信息公开渠道来看，目前我国已经基本上形成了以“信用中国”网站群为核心、以其他行政机关主管的特定企业信息公示平台为辅助的信用信息共享公开渠道。

四、信用差异化监管措施

信用差异化监管是指基于信用信息评价结论对监管对象配置不同的监管措施。实践中，依据主体“失信”或“守信”程度，监管主体采取不同的监管措施，主要是指差异化的监管策略，即分类监管和联合奖惩措施。分类监管和联合奖惩是信用工具发挥实际效果的作用方式，二者都属于对公共信用信息的使用[②]。首先，分类监管是监管机构依据监管对象的信用评价采取不同的监管措施，对于信用等级较低的行为主体，政府监管部门设定更高的抽查频次和更广的抽查范围，增加对市场主体生产经营活动的

①王伟．企业信息公示机制的逻辑与立法研究 [J]．首都师范大学学报（社会科学版），2021，1：51-62.

②沈岿．社会信用体系建设的法治之道 [J]．中国法学，2019，5：25-46.

干预；对于信用等级较高的行为主体，则降低外部监管强度、监管频次。在此意义上，可以说，信用分级分类的推行正好顺应了监管简约性和靶向性的发展之道，体现了鲜明的问题导向和效果导向①。其次，联合奖惩是其他相关政府部门、市场主体和社会组织，依据监管对象的信用评价类别进行守信联合激励和失信联合惩戒。其中，激励措施包括在政府评先评优活动中优先授予相关荣誉称号，在行政许可审批中提供容缺办理等便利服务，在政府采购和财政性资金支持等方面视为优选对象等。信用惩戒的设定和实施应当遵循基本的行政法基本原则，如法定性原则、关联性原则和比例原则②。依据比例原则的要求，被评估为具有一定信用风险和信用异常的市场主体，不可直接用于失信惩戒，可以先设定一些柔性化的监管措施③。此外，根据后设监管理论，基于信用等级的分级分类监管是政府监管部门对市场主体内部监管自主权的一种调节机制，因此信用监管的目的并非惩戒，而是通过惩戒督促行为主体实现“自我监管”。在此背景下，

①章志远．监管新政与行政法学的理论回应 [J]．东方法学，2020，5：77-90.

②倪楠．以信用为基础的新型市场监管模式：动因、框架与构建路径 [J]．江海学刊，2020，5：81-90.

③柔性监管措施包括提示、引导、规劝、约谈、回访、预警等行政指导手段。对被列入信用“黑名单”的市场主体，可以设定刚性化的惩戒措施，同时不受条件限制随时进行行政检查，取消一切便利化监管措施，在行业准入、项目审批、获得信贷、发票领用、出口退税、出入境等方面实行跨行业、跨领域、跨部门联合限制。对严重失信拒不改正，且有可能造成重大损失的市场主体及其相关责任人，可建立与自然人信用挂钩机制和社会共治机制，实施市场和行业禁入，直至将其永远逐出市场。江国华，欧莉．行政性信用监管的法治应对 [J]．财经理论与实践，2023，3.

有必要将构建以“修复条件—修复审查”为基础的信用修复机制作为信用监管的最后环节。在行为主体查询到自己存在失信行为后，其可以在规定时间内提出修复申请，并根据失信行为类别选择不同的修复方式。经过监管主体的审核后可以完成信用修复。目前，不仅不少监管主体制定了相应的信用修复管理办法[①]，在司法实践中也出现了不少信用修复的案例[②]。

总之，作为一种新型监管机制，信用监管强调依托信用信息对市场主体的违法风险进行判断，并以针对性的监管安排防范、控制风险，强化法律实施，促进社会治理效果提升。从信用监管的过程来看，信用监管机制强调的是全生命周期监管，不仅包括事前阶段，即在失信行为发生之前的阶段主要通过信用查询、信用承诺、诚信教育和信用报告等措施帮助行为人减少失信行为，还包括事中、事后阶段的信用监管。其中，事中阶段的信用监管是指基于信用档案、信用评价等机制实施的监管；事后阶段的信用监管是指在失信行为发生之后的事后阶段主要采取联合奖惩、信用修复等机制实施的监管。

立足于事中、事后阶段的信用监管，可以定义为：“行政主体对履职过程中产生或掌握的公民、法人、其他组织的信用信息进行记录归集、评价分类、共享公开，开展分类管理和联合奖惩的行为集合——依据主体‘失

①例如，《国家发展改革委办公厅关于进一步完善“信用中国”网站及地方信用门户网站行政处罚信息信用修复机制的通知》《市场监督管理信用修复管理办法》《能源行业市场主体信用修复管理办法（试行）》《文化和旅游市场信用修复工作指南》。

②例如，江苏省盐城市中级人民法院发布六起企业信用修复典型案例。

信’或‘守信’程度匹配不同的信用监管措施。”四项政策措施虽然略有交叉但基本上可以明确区分，并且彼此之间构成递进关系。其中，记录归集（采集）市场主体的信用信息是信用监管的制度起点①，基于信用信息进行评价分类以刻画不同行为主体的不同信用图像（信用评价分类）并在不同部门之间共享、向社会公开是信用监管的核心环节，基于信用图像展开的差异化监管和联合奖惩（守信激励与失信惩戒）则是信用监管的重要内容。

---

①按照《关于加快推进社会信用体系建设构建以信用为基础的新型监管机制的指导意见》的要求，各地区、各部门要根据权责清单建立信用信息采集目录，在办理注册登记、资质审核、公共服务等过程中，及时、准确、全面记录市场主体信用行为。同时，该意见还要求通过统一的信用代码整合分散在各地区、各部门的信用信息，形成完整的市场主体信用记录。《优化营商环境条例》第十九条规定：“国家持续深化商事制度改革，统一企业登记业务规范，统一数据标准和平台服务接口，采用统一社会信用代码进行登记管理。”

第二章 环境信用监管体系的历史发展、基本成效与概念界定

环境信用监管经历了长时间的实践探索、创新，综合运用了行政、经济、法律、社会等手段，逐步形成了以环境信用信息为基础，对排污单位、第三方环境服务单位开展信用评价、信用记录等，覆盖生态环境分级分类监管、绿色金融、价格税收等多应用场景的制度和工作体系。本部分梳理环境信用监管体系发生、发展过程中的主要政策法律依据，分析历史发展脉络，总结其基本成效，并根据“主体—客体—手段”的分析框架，界定环境信用监管体系的概念，为后文分析环境信用监管体系的基本构成奠定基础。

第一节 环境信用监管体系起步、发展、提升的三个阶段

20 世纪 90 年代，地方环境信用评价试点探索起步，开始建立评价工作体系，明确评价指标和评价方法。环境信用评价作为一种新型的环境管理手段，在企业环境信息公开、督促企业改善环境行为方面发挥了显著作用。

在总结地方试点经验的基础上，环境信用评价进入快速发展阶段，评价对象的范围不断扩大，评价结果应用更加广泛。与此同时，随着社会信用体系的不断深入发展，环境信用制度不断创新、完善，规范环境信用信息，推行信用承诺与信用修复机制，逐步建立起较为完善的及贯穿事前、事中、事后全链条监管的环境信用监管机制。

环境信用监管体系经历了探索起步、快速发展、规范提升三个阶段（图 2-1），每个阶段有不同的政策重点与实践内容。在探索起步阶段，政策着重从无到有建立工作体系和政策框架；在快速发展阶段，着重扩大环境信用评价范围，细化信用评价方法、推动实施联合惩戒，开展第三方环境服务单位信用记录等，并同步开展相关立法，建立环境信用监管的法

律基础；在规范提升阶段，环境信用监管体系面临改革优化，改革政策方向逐步酝酿、明确，朝规范化、体系化、法治化方向改革，但具体改革措施尚未明确。

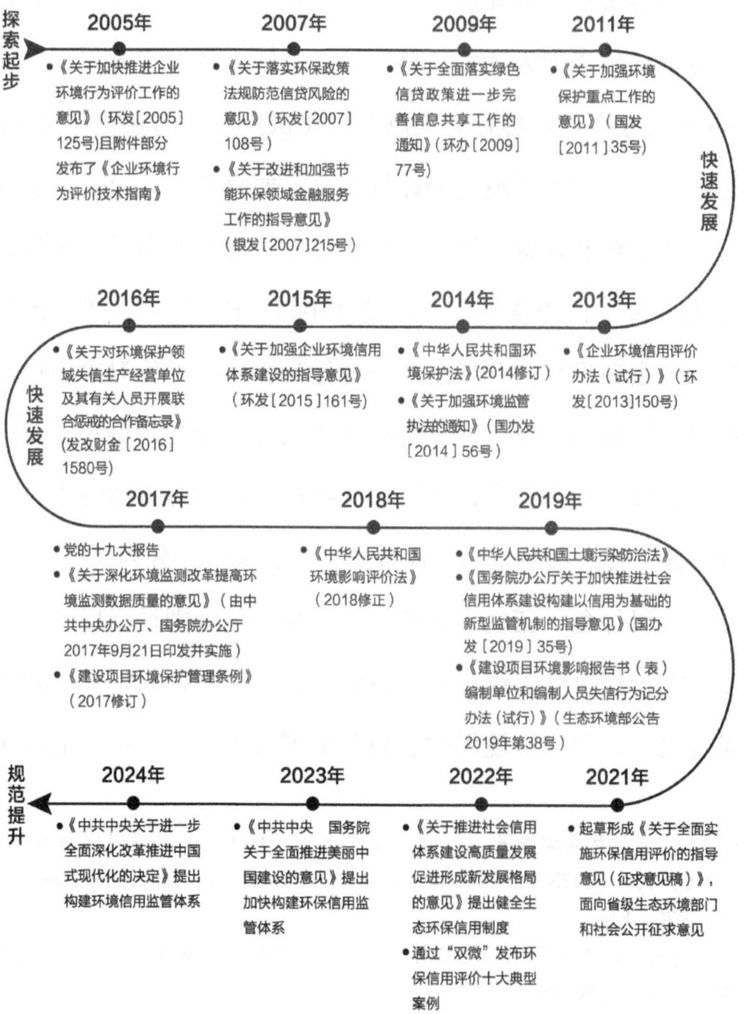

图 2-1 环境信用监管体系历史发展的三个阶段

探索起步，建立工作体系（2005—2012年）。20世纪90年代末，环境保护领域的一个突出问题是，环境违法成本低、守法成本高，企业宁愿受罚也不治理①，环境法律责任难以遏制环境违法行为②。在这一背景下，环保部门与世界银行共同开展企业环境信息公开的相关研究，并在江苏镇江等地试点推行环境行为评价，环境信用监管体系探索起步。江苏省镇江市于2000年实施企业环境行为信息公开化试点，倒逼企业环境守法③。这一阶段，政策表述为“环境行为评价”，主要特点为：第一，建立工作体系，确立评价指标和评价方法。国家环境保护总局发布《关于加快推进企业环境行为评价工作的意见》（环发〔2005〕125号），明确评价主体和评价对象，即由环保部门开展企业环境行为评价，评价对象为重点排污单位、环境风险较高的单位等；评价指标体系包括企业污染物排放行为、环境管理行为、环境社会行为、环境守法或违法行为等方面污染排放指标、环境管理指标、社会影响指标；评价结果为五级制，分为很好、好、一般、差和很差，并以绿色、蓝色、黄色、红色和黑色分别进行标示，向社会公布。第二，评价结果纳入银行信贷投放流程，金融机构将其作为审批贷款的必备条件之一。国家环境保护总局、中国人民银行、中国银行业监督管

①时任国家环境保护总局副局长、新闻发言人潘岳通报十大环境违法案件查处情况[EB/OL].（2003-08-13）[2023-02-18].http://www.mee.gov.cn/gkml/sthjbgw/qt/200910/t20091023_179706.htm.

②丁敏.“环境违法成本低”问题之应对——从当前环境法律责任立法缺失谈起[J].法学评论，2009，27（4）:90-95.

③王华，Linda Greer，蔺梓馨.环境信息公开的实践及启示[J].世界环境，2008（5）:24-26.

理委员会于2007年发布《关于落实环保政策法规防范信贷风险的意见》（环发〔2007〕108号），提出以严格信贷管理支持环境保护，改变“企业环境守法成本高、违法成本低”的状况，文件对金融机构的贷款审批流程提出明确要求，列出环保部门向金融机构提供的环境信息。部分具备条件的地方先行先试。江苏、广东等地将环保信用评级等级与银行信贷审批与贷后监测挂钩，有些商业银行对法人客户进行环保信息标识①。

快速发展，强化信用惩戒（2013—2019年）。经过将近10年的地方试点探索，环境保护部会同国家发展改革委、中国人民银行、中国银监会于2013年发布《企业环境信用评价办法（试行）》（环发〔2013〕150号，以下简称《办法试行》），以此为标志，环境信用监管体系进入快速发展阶段。这一阶段，政策表述为“环境信用评价”，主要特点为：第一，进一步完善信用评价及其结果公开的工作机制，将信用评价指标由之前的五级制调整为四级制，全国大范围推动实施环境信用评价。第二，相关立法开始起步，2014年修订的《中华人民共和国环境保护法》第五十四条第三款规定，环境违法信息记入社会诚信档案，及时向社会公布违法者名单。这为之后环境影响评价、土壤污染防治、海洋环境保护等领域的环境信用入法奠定了法律基础。第三，大力推动信用联合惩戒，2016年，国家发展改革委、中国人民银行、环境保护部等31部门印发《关于对环境保护领域失信生产经营单位及其有关人员开展联合惩戒的合作备忘录》（发改财金〔2016〕

①国家环保总局公布绿色信贷阶段进展［J］. 资源与人居环境，2008（6）：52-53.

1580 号，以下简称《联合惩戒备忘录》）实施环境保护领域失信联合惩戒，评价结果得到广泛应用。

规范提升，推动酝酿改革（2020 年至今）。2020 年后，社会信用体系建设呈现规范化、法治化趋势，迈向高质量发展阶段[①]，承担了优化资源配置、促进形成良好营商环境的重要作用[②]。在这一背景下，环境信用监管政策呈现加强合法性、规范性的趋向，2020 年后制定或修订的《中华人民共和国固体废物污染环境防治法》《建设项目环境保护管理条例》《中华人民共和国土壤污染防治法》《中华人民共和国环境影响评价法》《排污许可管理条例》《中华人民共和国海洋环境保护法》中均写入了将生态环境违法情形纳入信用管理的相关规定。同时，配合社会信用体系的目录清单制管理，《全国公共信用信息基础目录》《全国失信惩戒措施基础清单》均纳入了生态环境领域的公共信用信息目录与惩戒措施。这一阶段，政策表述为“环保信用评价”“环保信用监管”“环境信用监管”，主要特点为：第一，释放依法依规、统一规范的政策信号。国家发展改革委、生态环境部研究起草了《关于全面实施环保信用评价的指导意见（征求意见稿）》，于 2021 年向社会公开征求意见[③]，该征求意见稿是为了落实党

①何玲．社会信用体系建设迈向高质量发展新阶段——《国务院办公厅关于进一步完善失信约束制度　构建诚信建设长效机制的指导意见》出台解析 [J]. 中国信用，2021（1）:10-12.

②韩家平．我国社会信用体系建设面临的主要挑战及对策建议 [J]. 征信，2024（2）:1-5.

③国家发展改革委．2021 年 3 月 23 日，关于对《关于全面实施环保信用评价的指导意见（征求意见稿）》公开征求意见的公告，https://hd.ndrc.gov.cn/yjzx/yjzx_add.jsp?SiteId=356.

的十九大报告提出的“健全环保信用评价”的要求而起草，虽然尚未出台，但明确体现出依法依规、统一标准、规范流程的政策导向，对各地环保信用评价的政策制定和实施产生了实质性影响。第二，以典型案例的形式引导地方试点的政策方向进行转向。2022 年，生态环境部公开发布“环保信用评价十大典型案例”，对地方政策的方向、方式和效果进行介绍。从典型案例的内容可以看出，环保信用政策方向转向了引导和激发企业绿色发展内生动力、提高监管效能、优化营商环境等方面，政策的执行方式更加鼓励守信激励、柔性监管、非现场执法等。第三，信用监管工作理念由前两个阶段的以信用评价为重点向完善全流程信用监管机制转变。2022 年中共中央办公厅、国务院办公厅印发《关于推进社会信用体系建设高质量发展促进形成新发展格局的意见》，将完善生态环保信用制度作为重点任务。2023 年《中共中央　国务院关于全面推进美丽中国建设的意见》提出加快构建环保信用监管体系。党的二十届三中全会提出构建环境信用监管体系，环境信用监管进入体系优化的改革关键期。

第二节
环境信用监管的基本成效

基于信用监管机制的特殊作用机理，环境信用通过事前、事中的信用监管措施引导企业提升污染防治与生态环境治理水平，促进企业实现绿色发展。信用信息、信用评价结果被广泛应用于绿色金融、市场监管、价格调节等领域，已成为环境信用主体的绿色名片和绿色发展动力。本部分从事前、事中信用监管措施，信用激励惩戒措施，以及环境信用信息三个方面分析环境信用监管的基本成效。

一、加强事前、事中监管，激发企业环境守法自觉性

环境信用监管中的政策手段不同于传统的生态环境执法监管，环境信用承诺、环境信用预警、信用分级分类监管措施，通过加强事前、事中监管，促使排污单位、第三方环境服务单位等建立内部的环境监管体系，加强自我监管，塑造其社会责任形象，并动态调整相应的外部环境监管措施，最终达到有效的环境监管目标。

环境信用承诺促进排污单位与第三方环境服务单位加强自我监管、塑造社会责任形象。多地生态环境部门探索实施环境信用承诺，促进市场主

体诚信经营，在更大范围内塑造守法诚信的社会氛围，打造法治化营商环境。环境信用承诺有不同做法，有的地方是在事前阶段实施“告知承诺”“容缺受理”等信用承诺制度，以市场主体的承诺为基础，环境监管部门适当放松对其在环评审批等环节的审查和监管程序。有的地方开展环保信用修复阶段的信用承诺，还有的地方是市场主体自发、主动发布具有守法守信意愿和能力的承诺声明。例如，河北省推行企业环境保护承诺制，要求企业恪守诚信，认真履行公开承诺内容，严格遵守并逐条落实公开承诺事项，主动承担起环境保护的责任和义务。通过环境保护承诺，企业主动实施节能减排，使企业环境管理自觉和自律能力得到增强。此外，生态环境部门大力引导行业协会商会加强行业诚信自律，建立会员信用记录，开展信用承诺、诚信倡议，营造守法诚信经营的行业风气。为推进环境服务业诚信体系建设，中国环境保护产业协会发布行业诚信指标体系，组织会员签署和履行信用承诺，发布行业自律公约和诚信倡议，对环保服务机构开展信用评价，引导服务单位提供更加优质的环境服务，间接提高了排污单位的污染治理水平，在拓宽企业融资渠道的同时提高了企业市场竞争力。

信用分级分类监管措施引导排污单位、第三方环境服务单位绿色发展。生态环境部门按照“双随机、一公开”监管工作总体要求，将排污单位、第三方环境服务单位的环境信用状况作为生态环境主管部门实施差异化监管的重要考虑因素，合理确定检查频次和检查方式。排污单位环保信用较好、环境风险较低的，合理降低抽查比例和抽查频次，对守法诚信排污单位实现“无事不扰”。对环保信用较好的新技术、新产业、新业态、新模式等实行包容审慎监管，量身定制监管模式。排污单位违法失信、环境风险较高的，适当提高抽查比例和抽查频次，依法依规严格监管。以公正监管促进公平竞争和优胜劣汰，引导市场主体以生态环境高水平保护助推经济高质量发展。例如，山东省鼓励各市因地制宜将省市新旧动能转换重大工程和环保管理水平先进、环境信用评价良好、资源要素产出高的企业纳入正面清单，对纳入正面清单的企业在系统中进行标记，减免企业现场执法检查。

信用预警识别环境信用风险，提高企业市场竞争力。信用预警通过对已有环保信用信息的统计、分析、关联、归纳，判别筛选出当前或未来具有较高环保信用风险的企业，并提前帮助企业即知即改，避免因环保失信发生更大损失，提高企业市场竞争力。在江苏、福建等地，生态环境部门结合环保信用评价指标、企业环境管理水平及企业环境安全风险状况等，开展每日评价、在线提醒等服务，将评价结果、环境问题、违法案例、企业依法应当履行的生态环保责任等直接推送至责任企业和相关负责人，让企业即时了解自身存在的环境风险隐患，避免企业在环境管理方面存在问题被连续扣分或因发生违法问题而遭受处罚。

二、开展市场化手段激励惩戒，以环境信用为绿色发展赋能

环境信用监管，从探索起步期开始就着力推动开展市场化的联合激励惩戒措施，将环境信用评价结果等信息融入绿色信贷审批流程，并推动信用评价结果多领域应用，提高环境信用在资源配置中的作用。环境信用评价结果已经被广泛应用于绿色金融、市场监管、价格调节等领域，守信者“得

实惠、减压力”，享受到更好的行政服务、融资服务、公共服务和更低的市场成本。市场化手段的联合激励惩戒措施，将良好的环境信用融入市场要素中，为排污单位、第三方环境服务单位的绿色发展赋能，成为促进企业绿色发展、推动经济社会高质量发展的有效政策手段。

信用评价助力环境守信企业优先发展。各级生态环境部门深入推动企业环境信用评价结果应用，将企业环境信用信息共享给金融部门，推动评价结果在信贷融资等工作中广泛应用。江苏等地将环境信用评价结果推送行业监管部门和金融机构，实施差别水电价政策，出台政策鼓励银行业金融机构对环保信用良好的企业提供简化信贷程序、优惠利率定价等服务，并将企业环保信用评价信息推送至银行保险机构。生态环境部门在开展企业环保信用评价的基础上，与银保监会、市场监管、电力、水务等部门单位加强衔接，积极推动实施差别绿色信贷、差别水电价等政策，建立起环保信用信息共享和联动奖惩机制，为推动守信企业绿色发展注入了内生动力。以江苏省为例，截至2021年年末，江苏省内主要银行机构对全省参与环保信用评价企业贷款余额1.99万亿元，较2020年年末增加8 023亿元。

破解中小微企业融资难题。生态环境部门指导各地将环保信用评价结果作为生态环保支持项目储备库入库的必备条件，符合规定条件并且环保信用良好的，优先申报入库。鼓励银行创新环境治理、生态环保产业领域信贷产品，扩大信用贷款规模，解决中小微企业融资难题。以浙江省为例，2020年，浙江省生态环境厅会同原中国银保监会浙江监管局、浙江省经济和信息化厅、浙江省住房和城乡建设厅印发《关于金融支持浙江经济绿色发展的实施意见》，明确环保信用评价结果在金融领域的应用要求，将环保信用评价结果推送至省金融综合服务平台，引导商业银行为环保信用A级（优秀）和B级（良好）企业开辟绿色通道、简化贷款手续、给予优惠利率定价。

畅通信用修复渠道，激发市场活力。环境信用修复，一般是指企业事业单位为积极改善自身环保信用状况，在整改纠正生态环境领域违法违规行为、消除不良影响后，向确定企业事业单位环保信用评价等级的生态环境主管部门提出申请，生态环境主管部门根据相关规定和程序，调整环境信用评价计分及相应等级的过程。实践中，很多企业是在申请银行贷款时，被告知企业有行政处罚等不良信用记录，相应的环境信用等级偏低，银行无法通过其贷款申请。各地生态环境部门大力开展环保信用修复服务，为企业提供消除不良影响，重塑良好信用的便利渠道。信用修复后，企业在参与招标投标、争取资金及税收优惠等过程中免于失信惩戒。例如，南通市生态环境局针对当地建筑施工企业数量多、项目分散、融资难、环境监管难的问题，一方面督促、指导、帮助失信企业整改环境问题，强化普法宣传，持续加大建筑行业环境监管力度，帮助企业增强环保意识，切实解决好夜间施工噪声、扬尘等问题，最大限度地减少环境违法行为，提升企业环保信用等级；另一方面积极协调对接有关等部门解决建筑施工企业融资困难，落实帮扶机制，在评估建筑企业环保违法行为整改效果的基础上，帮助企业化解环保问题导致的授信风险，帮扶多家企业摘除环保失信的“帽子”，帮助企业解决授信融资200亿元。

三、整合企业环境信用信息，提高环境监管效能

与传统生态环境监管不同，信用监管以信用信息为基础，需要更多地运用大数据、智慧监管等方式，对排污单位、第三方环境服务单位的环境信用状况精准刻画、实时反馈，既引领了生态环境监管方式的转型，也在便企惠企、优化营商环境方面产生了较好的社会效果。

大数据引领生态环境监管转型优化营商环境。例如，福建省依托省生态云平台，建成全省一体的专业化、数字化、智能化企业信用评价系统，强化“互联网＋监管”应用，推动数字监管，建立监测预警机制。从传统现场检查督促企业被动落实污染防治的常规监管模式，转变为实时帮助指导企业自主加强环境管理的新型“放管服”模式，引导企业积极主动整改存在的环境问题。江苏省创新性地将环保信用评价引入企业“环保脸谱”智慧系统，用5种表情对应企业环保信用评价结果的不同颜色，形象直观展示企业生态环境守法情况。通过智慧系统，企业可以实时查看自身生态环境问题，并根据预警提醒开展问题整改；公众也可以通过“一码通看、码上监督”，更加便利、快速地参与生态环境治理，推进生态环境治理从信息化迈向智慧化。

加强第三方环境服务机构弄虚作假信用约束，促进行业健康发展。随着国家“放管服”改革的深入推进，大量社会资本引入环境监测、污染修复等领域，社会化的环境服务机构对生态环境保护事业发展起到越来越重要的作用。但同时，社会化环境服务机构服务水平参差不齐，信用缺失、质量控制体系不完善等直接影响相关数据的真实性和准确性。近年来，生

态环境部门创新运用信用监管机制强化培育行业诚信意识，推动第三方环境服务机构提高服务质量。2019 年生态环境部发布实施《建设项目环境影响报告书（表）编制监督管理办法》《建设项目环境影响报告书（表）编制单位和编制人员失信行为记分办法》，初步形成以环评质量为核心、以信息公开为手段、以信用评价为主线的环评文件质量监管制度体系。2021 年《建设用地土壤污染风险管控和修复从业单位和个人执业情况信用记录管理办法（试行）》印发，对土壤污染风险管控和修复的从业单位和个人开展信用记录管理。不少地方针对生态环境服务机构的监管特点，专门制定了生态环境服务机构信用评价的相关政策文件，推动实施将生态环境服务机构纳入规范化运行轨道中。

第三节
环境信用监管体系的概念界定

环境信用监管肇始于 20 世纪 90 年代末，其发生、发展经历了一个较长的历史时期，至今，我们可以看到“环境信用评价”、“环境信用体系”、“环保信用评价”、“生态环保信用制度”、“环保信用监管体系”等看起来类似却又不尽相同的政策表述，其背后是制度不断发展、探索、融合并逐渐规范、成型的过程（相关政策表述见图 2-1）。本部分对环境信用监管体系的概念进行辨析，并分析其与生态环境监管的关系，以明确环境信用监管体系在整个生态环境监管中的定位。

首先，需要说明出于研究上前后表述一致性的考虑，本书统一采用环境信用的表述，理由如下：

第一，采用环境信用的表述符合法律适用的原则。根据法律适用的从新原则，在法律或政策规定不一致时，宜采用位阶最高、时间最新的政策文件。从公文体裁上，“决定”适用于对重要事项作出决策和部署，是具有决策性质的公文，具有权威性、指导性和稳定性。“意见”适用于对重要问题提出见解和处理办法，是一种指导性公文，不具有强制执行力。“通知”主要用于传达需要下级办理、周知或者执行的事项，要求明确具体，便于下级执行。根据上述原则，采用“决定”中“环境信用监管体系”的表述。

第二，党的十九大提出的“环保信用评价”，是在2018年国务院机构改革之前，匹配当时环境保护部的职责表述。根据2018年《生态环境部职能配置、内设机构和人员编制规定》，生态环境部的主要职责是建立健全生态环境基本制度等，已经不采用“环境保护基本制度”的表述。

第三，环境信用内容更为全面，覆盖面更广。根据《中华人民共和国环境保护法》第二条的规定，环境是指影响人类生存和发展的各种天然的和经过人工改造的自然因素的总体，包括大气、水、海洋、土地、矿藏、森林、草原、湿地、野生生物、自然遗迹、人文遗迹、自然保护区、风景名胜区、城市和乡村等。环境信用可以被理解为与环境有关的、可能对环境产生影响的行为的信用，可以包含污染防治和生态保护等方面的内容，在内涵上比“环保”的表述更为广泛和全面。

一、环境信用监管的概念界定

理解环境信用监管的概念，首先需要明确什么是环境信用，什么是环境信用监管。2018年，国家市场监督管理总局发布《信用　基本术语》（GB/T 22117—2018），规定了信用的基本概念，即信用是指个人或组织履行承诺的意愿和能力，承诺包括法规和强制性标准规定的、合同条款等契约约定的、社会合理期望等社会责任的内容。参照上述概念界定，环境信用一般是指个人或组织履行生态环境法律法规、相关合同条款等契约约定、社会合理期望等环境社会责任的意愿和能力，在实践中包括遵守生态环境法律法规的情况、履行生态损坏赔偿约定义务的情况、履行社会责任情况（包括获得省市级表彰奖励、自愿参加环境认证、自愿开展清洁生产审核等）。

环境信用监管是以环境信用为基础的新型监管机制，具体是指以环境信用信息为载体、以融入其他监管措施为抓手，通过实施信用评价、信用信息记录、信息公开和共享、联合奖惩等多种措施，将分段式监管整合为贯穿事前、事中、事后的全生命周期监管，将常规监管优化为分级分类监管。对环境信用监管的概念可从以下三个方面理解。

第一，环境信用监管的主体。主体包括三类：一是环境信用监管主体，即在环境信用监管体系中履行信用监管职责的行政管理部门，包括生态环境部门以及其他开展信用联合惩戒的相关部门；二是作为监管对象的信用主体，包括排污单位、第三方环境服务单位及其从业人员，是与环境信用监管主体相对应的法人或自然人；三是社会公众，社会公众在社会治理的意义上成为治理主体，通过声誉机制发挥社会监督作用。

第二，环境信用监管的客体。环境信用监管的客体区别于前文所述的环境信用监管对象，是指在环境信用监管过程中，信用监管行为或信用主体的权利义务所指向的对象，即环境信用信息。信用信息是信用监管的客体，是整个信用监管制度的基础①。环境信用监管客体的特点是，其不是

①胡仙芝，马长俊．市场信用监管的政府责任及其实现机制 [J]．中国行政管理，2022（3）：40-44.

企业的单一环境行为，而是具有整合性的环境信用信息，这是环境信用监管区别于其他传统环境监管方式的最主要特点。传统的环境监管遵循行政行为的基本原理，主要考虑行为人对其违法行为是否具有可归责性，而信用监管指向行为人的违法人格或违法危险而非特定违法行为①，需要综合信用主体在时间和空间上的环境行为表现，运用综合性信息对企业的环境行为进行风险预测。目前环境信用信息主要体现为环境信用评价指标信息、环境信用评价结果信息、黑名单信息等。

第三，环境信用监管政策手段。政策手段是指为了实现信用监管目标所运用的方法和手段。从环境政策分析角度，环境政策手段是环境政策的主体内容，是政府根据法律授权制定和颁布的以执行法律为主要目标的具体措施。对于政策手段的分类，按照政府管制的强制程度进行分类，环境政策手段可以分为命令控制、经济刺激和劝说鼓励三类。每项政策手段都可能涉及三类手段②。按照这一分类标准，环境信用监管作为一项整体性的运行机制，难以划分到传统的政策手段类型的分析框架中。虽然单独的某一项政策手段，如信用评价及其结果公开，可以理解为劝说鼓励类措施中的信用信息公开，依据信用评价结果开展的信用分级分类监管与联合惩戒措施可以在一定意义上被理解为经济刺激类手段，但这种分类方式掩盖了信用监管的作用机理，无法描述环境信用监管体系中各个主体基于环境信用信息所发生的复杂作用机制。

①伏创宇．信用惩戒适用行为人责任的法理及其限度 [J]. 法学研究，2023，45（6）:37-52.
②宋国君．环境政策分析 [M]. 北京：化学工业出版社，2020：73-74.

基于上述理解，我们对环境信用政策监管政策手段的分析，主要从作用机理与实施过程的角度，将其分为三大类：环境信用评价及其结果公开；环境信用差异化监管措施；环境信用信息共享公开。其中环境信用差异化监管措施又包括信用分级分类监管措施、环境信用联合奖惩两小类。各地在探索中的告知承诺，由于尚未在全国范围内形成较为通用、固定的政策手段，未纳入本书探讨。

二、环境信用监管与生态环境监管的关系辨析

（一）环境信用监管来源于生态环境监管过程

环境信用监管所指向的，不是企业的环境信用或环境行为，而是环境信用信息，是以信用信息为基础对环境监管进一步整合、优化。通过系统梳理生态环境监管职能，分析行政许可、行政检查、行政处罚等针对行政相对人的具体权责事项中涉及信用监管机制的权责事项，可以看出，环境信用监管来源于生态环境监管过程，主要包括：在事前阶段，环境影响总体可控的部分行业实施环评审批告知承诺制；将环境信用评价结果作为生态环保金融支持项目的准入条件之一。在事中阶段，将信用记录或信用评价结果融入“双随机、一公开”监管、执法正面清单，作为对监管对象的分级分类标准之一；开展排污单位信用评价并公开评价结果，根据评价结果实施信用差异化监管。在事后阶段，将行政约谈纳入信用评价指标；对严重违法失信的监管对象实施市场或行业禁入；处罚决定信息公开；对告知承诺单位加强事后监管。

（二）环境信用监管主要以信用分级分类监管的方式服务于生态环

境监管

为了科学治污、精准治污、依法治污，生态环境多业务领域均开展了差异化监管，这些差异化监管措施分为两类：一是客观分级，管理分类。即基于企业的污染防治技术、能力等客观条件，对其进行分级，再根据分级结果设置差异化监管措施。主要包括：第一，重污染天气绩效分级差异化管控，针对不同治理水平和排放强度的工业企业分类施策；第二，排污许可管理，根据污染物产生量、排放量、对环境的影响程度等因素，对排污单位实行排污许可分类管理；第三，建设项目环评，根据建设项目对环境的影响程度，对建设项目的环境影响评价实行分类管理。二是行为分级，裁量分类。即基于企业遵纪守法的行为表现，对其进行分级，再根据分级结果设置差异化监管措施，监管措施主要为自由裁量权范围内的从重或从轻管理。主要包括：第一，生态环境“双随机、一公开”监管，将被检查对象分为一般监管、重点监管、特殊监管三类，并按分布区域、行业产业类型、重污染天气绩效分级等要素标识，并科学设定随机抽查频次；第二，生态环境监督执法正面清单管理，对清单内企业减少现场执法检查次数信用分级分类监管措施是基于环境信用评价等级；第三，环境执法中的行政处罚自由裁量，规定了环境违法行为的自由裁量基准和计算方法。

环境信用监管主要应用于上述第二类差异化生态环境监管措施。当前环境信用分级分类监管措施包括三类：第一类为减损信用主体权益或增加其义务的措施，主要为对第三方环境服务单位或排污单位依法依规实施市场或行业禁入；第二类为对排污单位依法依规实施重点监管，将环境信用评价等级纳入生态环境“双随机、一公开”监管、生态环境监督执法正面清单管理等；第三类为将信用评价结果作为生态环保支持项目储备库入库的必备条件等。信用为环境部门开展差异化、精细化监管提供了一个判断标准。

（三）环境信用赋能生态环境监管，推动高质量发展

信用是市场经济基础制度。当前，国家积极推进信用理念、信用制度、信用手段与国民经济体系各方面、各环节深度融合，进一步发挥信用对提高资源配置效率、降低制度性交易成本、防范化解风险的重要作用，为提升国民经济体系整体效能、促进形成新发展格局提供支撑保障。环境信用信息、环境信用评价结果是生态环境监管中可以与市场经济、与社会公众衔接的部分，用好环境信用监管工具，一是精准“施策”促进生态环境监管，引导企业对标信用评价标准促进绿色发展；二是有效“松绑”推动高质量发展，重点在绿色信贷、差别电价、污水处理费等市场化领域奖惩应用，充分发挥守信激励作用；三是推行信用承诺和信用修复释放经济活力，激发市场主体守信意愿；四是推动环境信用资源的市场化价值评估，促进形成新发展格局，引导社会机构、金融机构利用信用信息开发绿色信用产品，在社会资源优化配置中发挥作用。

三、环境信用监管体系的运行机制

环境信用监管体系是以环境信用信息的归集、公开和共享为基础，以环境信用评价为主要内容，公开环境信用评价结果，并实施信用分级分类

监管，推动其他相关部门实施联合奖惩的制度和工作体系。

从监管流程角度看，环境信用监管体系是贯穿事前、事中、事后全生命周期的新型监管机制。在事前阶段，开展环评审批告知承诺等信用承诺，监管部门适当放松对其在准入和生产等环节所需资格与条件的审查、监管，激发企业自我约束动力。在事中阶段，开展信用评价、信用信息记录、分级分类监管，信息公开，促使企业优化内部监管体系，实现有效自我监管。在事后阶段，进行联合惩戒，通过影响监管对象的成本与收益，并激励监管对象履行社会责任。

从环境治理体系的维度，环境信用监管体系是多元主体基于信用信息运用分级分类监管、信息公开、信用惩戒等多种手段开展社会共治的环境治理方式。生态环境部门对排污单位、第三方环境服务单位开展环境信用监管，其他相关部门与生态环境部门建立横向协作机制，以联合惩戒备忘录等形式对信用主体开展信用联合奖惩措施。社会公众基于声誉机制对信用主体的商誉产生影响。

构建环境信用监管，从根本上重塑了生态环境治理的逻辑，主要体现在以下三方面。

一是通过信用信息整合治理体系的数据基础。常规环境监管一般是针对监管对象的具体行为，依赖于现场检查，一事一议，根据其环保设施水平、行为表现判断其是否合法合规；信用监管具有整合性，针对监管对象的信用信息，将常规环境监管中不同来源、不同类型的行为信息、管理信息等转化为结构化、可量化、可评估的信用信息。包括信用承诺信息、违法失信信息、诚实守信信息、评价结果信息、信用修复信息、守信激励名单或严重违法失信名单信息等，实现对监管对象信用状况的多维度、全景式刻画，从而能够更全面、更准确地识别环境风险、预警潜在问题，为实现精准、高效的生态环境监管提供坚实支撑。

二是通过分级分类监管实现治理效能的精准导航。环境信用监管并非取代常规环境监管措施，是在现有监管基础上的进一步优化，包括依据环境信用评价等级，实现对不同信用水平对象的精准识别和分类，并将评价结果有机融入生态环境“双随机、一公开”监管、监督执法正面清单管理、行政处罚自由裁量及环保项目入库筛选等多项常规制度等，推动形成差异化监管机制，将有限的监管资源精准导向信用最差、风险最高的监管对象，大幅提升环境监管的针对性、有效性和公平性，使其目标准确、资源集中、响应灵敏，为构建精准治污、科学治污、依法治污长效机制提供核心支撑。

三是以多场景应用成为激发多元共治合力的中枢。多场景应用主要为外部部门联动，将信用信息推送至其他政府部门，实施跨部门、跨领域的联合奖惩；社会公众监督，信用信息和信用等级依法依规向社会公开，引导商业银行、保险公司、行业协会、新闻媒体和公众参与监督。这使得环境信用不再是生态环境部门的“内部评分”，而是成为跨领域治理协同的通用要素，最终构建起“企业自律、政府监管、社会监督、公众参与”的现代化生态环境共治大格局。

第三章
环境信用监管体系的基本构成

环境信用监管体系的基本构成是指环境信用监管体系的主要组成部分以及各组成部分之间的运行机制。本章分析环境信用监管体系的基本构成，希望能够清晰呈现整个环境信用监管体系的主要组成部分（图 3-1）。

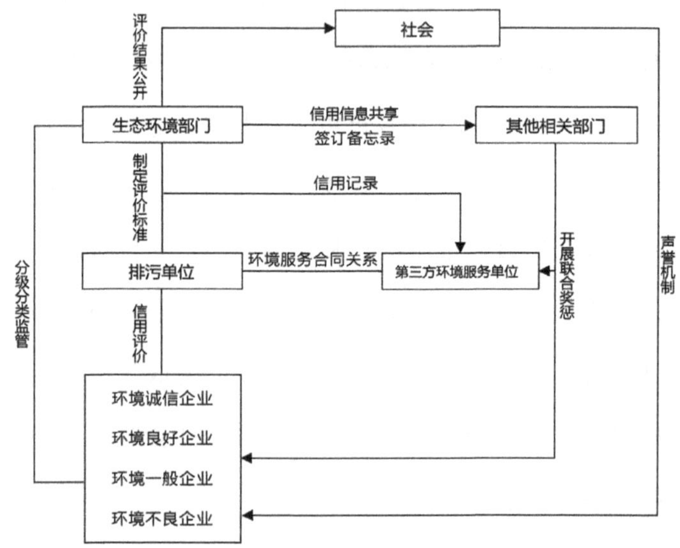

图 3-1　现行环境信用监管体系运行机制

第一节
环境信用监管体系中的主体

一、环境信用监管体系中主体的类型分析

根据前文对环境信用监管体系中主体的分析，可以将其分为两大类别，一类为监管或治理主体，另一类为信用主体（图 3-2）。

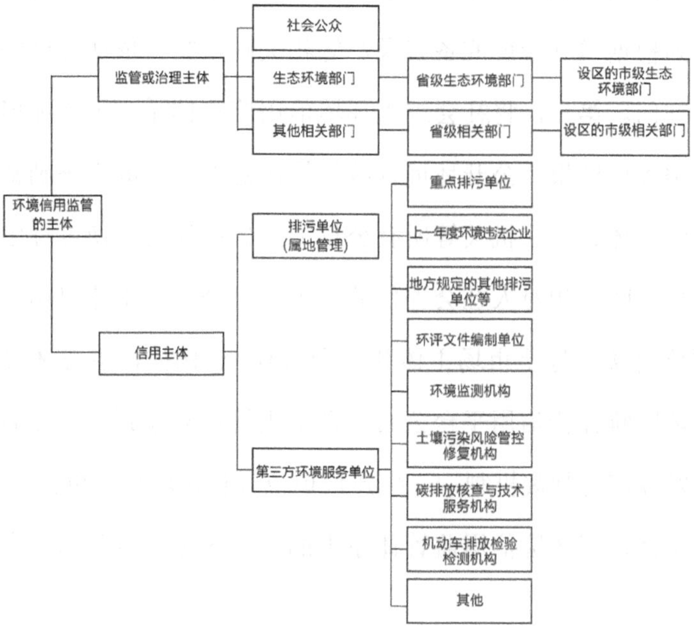

图 3-2　环境信用监管体系中的主体类型

在监管或治理主体类别下又可细分为三类主体。第一，生态环境部门是主要的信用监管部门，负责组织实施全国的环境信用监管工作，部内各相关职能司局根据生态环境监管职责分工负责，目前主要为制定发布全国环境信用评价管理规范、全国性的环境信用评价方法，在部分已经有法律依据的领域开展环境信用记录，并推动其他相关部门实施激励惩戒措施。省级生态环境部门一般负责组织实施，制定实施省级行政区域范围内的具体实施办法、建设信息共享平台等，有些地方的环境信用评价结果的公开由省级生态环境部门负责实施。设区的市级以上生态环境部门负责具体实施工作，主要包括确定参评单位名单，开展信用评价，实施信用分级分类监管措施，推动实施信用联合奖惩。第二，除了生态环境部门，还有一类监管主体为根据《联合惩戒备忘录》等相关政策文件依法实施联合惩戒的其他相关部门。第三，将社会纳入环境信用监管体系，生态环境部门向社会公开信用评价结果，公开环境行政处罚决定书，形成声誉制裁。声誉制裁是指行政主体、司法机关等所有公权力主体在权力行使过程中披露相对人负面信息、降低相对人社会评价的行为。将公权力主体对相对人作出的否定性评价直接传导至市场主体和社会公众①。例如，生态环境部在其官网以及环境影响评价信用平台公布环评信用管理对象列入“黑名单”的情况，推动发挥声誉制裁机制，引导建设单位择优选取环评单位。

信用主体，即环境信用监管体系中的监管对象，可分为两大类别。其

①王瑞雪．声誉制裁的当代图景与法治建构［J］．中外法学，2021，33（2）:446-464.

一为生态环境部门根据其生态环境监管职能开展生态环境监管的排污单位等，例如，《办法试行》规定，污染物排放总量大、环境风险高、生态环境影响大的企业，应当纳入环境信用评价范围。各地在实践中多将重点排污单位、纳入排污许可证管理的单位等纳入评价范围。其二为排污企业提供环境技术咨询服务的第三方环境服务单位，目前已开展第三方环境服务单位信用管理的领域主要包括环评文件编制单位、社会化生态环境监测机构、土壤污染风险管控修复机构、碳排放核查与技术服务机构、机动车排放检验检测机构等。

二、环境信用监管体系中各类主体的关系分析

环境信用监管体系中主体类型多样，既有政府部门，也有企业、第三方环境服务单位，还有社会公众。分析各类主体之间的关系，有利于厘清环境信用监管行为的性质，明晰环境信用监管体系中多种政策手段的法律基础。

第一，生态环境部门基于生态环境监管职能对信用主体中的排污单位开展环境信用监管，二者之间是纵向的行政监管关系，其开展信用监管的管辖原则一般为属地管理原则。

第二，其他相关部门通过与生态环境部门建立横向的协作机制，即签订《联合惩戒备忘录》的形式等对信用主体开展信用联合奖惩措施。

第三，治理主体基于声誉机制对信用主体的商誉产生影响，借助无数消费者的“用脚投票”，声誉机制能够及时启动严厉的市场驱逐式惩罚，深刻影响企业的核心利益，有效阻吓企业放弃潜在的违法行为，是一种效

率型的、辅助公共执法的社会治理形式[①]。

其中，较为特殊的关系为生态环境部门与信用主体中的第三方环境服务单位的关系。其特点为：

第一，生态环境部门不是主要的监管部门。由于第三方环境服务单位不是排污单位，生态环境部门一般不承担主要的监管职责，其主要监管部门一般是市场监管部门等。此外，信用主体，即第三方环境服务单位的从业地点往往是跨行政区域的，而各级生态环境部门的监管执法上实行的属地管理原则具有很大的局限性，难以进行跨行政区域的监管。

第二，第三方环境服务单位的信用信息来源广泛，一般而言，第三方环境服务单位的信用信息既有生态环境部门的监管执法信息、市场监管部门的监管执法信息，还包括司法机关的司法裁判信息或执行信息，以及相关执业信息等。

第三，在政策措施上，由于信用信息来源广泛，单一监管部门难以全面掌握信用信息，信息的记录、归集、共享和公开至关重要。信用激励惩戒措施的应用，主要为信用信息管理、行业禁入等措施，分级分类监管措施并不适用。

目前，实践中存在以下解决方式：第一，建立部门之间的横向协作机制开展信用监管，如对于社会环境监测机构，生态环境部门联合对第三方环境服务单位有监管职责的市场监管部门等对第三方环境服务单位开展信

①吴元元．信息基础、声誉机制与执法优化——食品安全治理的新视野［J］．中国社会科学，2012（6）：115-133，207-208．

用监管。要求生态环境监测机构应建立防范和惩治弄虚作假行为的制度和措施，确保其出具的监测数据准确、客观、真实、可追溯。生态环境监测机构及其负责人对其监测数据的真实性和准确性负责，采样与分析人员、审核与授权签字人分别对原始监测数据、监测报告的真实性终身负责①。第二，法律授权开展信用记录，依法实施信用监管。例如，对于环评文件编制单位、土壤污染风险管控修复机构由法律规定开展信用信息记录等。此外，有些地方对第三方环境服务单位建立了名录管理、自愿备案管理等机制，基于此获得其相关信用信息，并开展信用监管。

①市场监督管理总局、生态环境部关于印发《检验检测机构资质认定生态环境监测机构评审补充要求》的通知。

第二节 环境信用监管客体

环境信用监管客体不是企业的单一环境行为，而是具有整合性的信用信息，这是环境信用监管区别于其他环境监管方式的主要特点。环境信用监管所指向的，不是企业的环境信用或环境行为，而是环境信用信息，是以信用信息为基础对环境监管进一步整合、优化。分析目前环境监管中的行政许可、行政检查、行政处罚等针对行政相对人的具体监管事项中涉及信用监管机制的权责事项，可以发现，环境信用信息来源于环境监管过程，主要包括：在事前阶段，环境影响总体可控的部分行业实施环评审批告知承诺制；将环境信用评价结果作为生态环保金融支持项目的准入条件之一。在事中阶段，将信用记录或信用评价结果融入“双随机、一公开”监管、执法正面清单，作为对监管对象的分级分类标准之一；开展排污单位信用评价并公开评价结果，根据评价结果实施信用差异化监管。在事后阶段，将行政约谈纳入信用评价指标；对严重违法失信的监管对象实施市场或行业禁入；处罚决定信息公开；对告知承诺单位加强事后监管。

目前的环境信用信息主要包括环境信用评价指标信息、环境信用评价结果信息等。现行有效的涉及环境信用信息的政策文件主要分为以下三种：

（1）《办法试行》提出“企业环境行为信息”，但《办法试行》并未直接界定什么是企业环境行为信息，而是对企业环境行为进行了解释，“企业环境行为，是指企业在生产经营活动中遵守环保法律、法规、规章、规范性文件、环境标准和履行环保社会责任等方面的表现”。其附件《企业环境行为评价指标及评分方法（试行）》中对评价指标的列举可以理解为是对环境行为信息范围的规定。

（2）《关于加强企业环境信用体系建设的指导意见》（环发〔2015〕161 号）（以下简称《指导意见》）规定了企业环境信用信息的概念和范围，“环保部门在履行环境保护职责过程中制作或者获取的，以一定形式记录、保存的，反映企业环境信用情况的环境管理信息，应当记入企业环境信用记录。记入企业环境信用记录的信息分为基础类信用信息和不良类信用信息”。《指导意见》以列举方式对信用信息进行列举，作了初步类型化分类，将其分为基础类信用信息和不良类信用信息。但对于两类信用信息的公开、共享规则，应用措施等并未明确规定，而是将其规则制定权留给地方环境部门。

（3）《全国公共信用信息基础目录（2024 年版）》（以下简称《公共信用信息目录》）规定，公共信用信息是指国家机关和法律、法规授权的具有管理公共事务职能的组织在履行法定职责、提供公共服务过程中产生和获取的信用信息。其中涉及生态环境领域的信用信息共八大类别，包括行政管理信息、职称和职业信息、严重失信主体名单信息、信用承诺及履行情况信息、信用评价结果信息、遵守法律法规情况的信息、诚实守信相关荣誉信息、司法裁判及执行信息，总计 26 个条目。

上述三种政策文件在信用信息的范围上交叉重叠（图 3-3），在地方实践中均有适用。

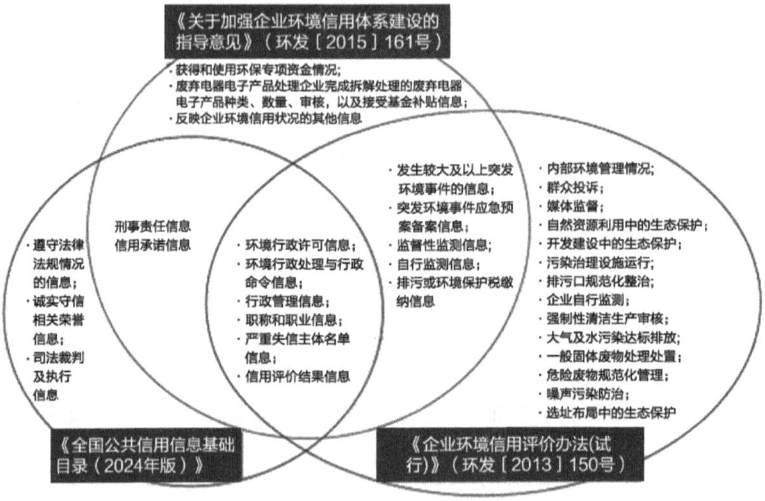

图 3-3　环境信用信息重叠交叉

《公共信用信息目录》涉及生态环境领域的信用信息共八大类别 26 个条目（表 3-1），其中包含了司法裁判及执行信息类别下的 3 个条目。

表 3-1　《公共信用信息目录》中环境信用信息内容

序号	信息类别	条目
1	行政管理信息	行政许可
2		行政处罚包括：（1）警告、通报批评；（2）罚款、没收违法所得、没收非法财物；（3）暂扣许可证件、降低资质等级、吊销许可证件、一定时期内不得申请行政许可；（4）限制开展生产经营活动、责令停产整治、责令停产停业、责令关闭、限制从业、禁止从业；（5）责令限期拆除；（6）行政拘留

续表

序号	信息类别	条目
3		行政强制
4		行政确认
5		行政征收
6		行政给付
7		行政裁决
8		行政补偿
9		行政奖励
10		行政监督检查
11	职称和职业信息	专业技术人员职称信息
12		职业资格信息
13	严重失信主体名单信息	环境违法企业黑名单
14	信用承诺及履行情况信息	信用承诺及履行情况信息、入海排污口备案、废弃物海洋倾倒船舶、海洋生态环境治理和服务的信用承诺不实或不履行情况
15		其他适用告知承诺制的证明事项、行政许可、信用修复等活动中所产生的信用承诺及履约情况信息
16	信用评价结果信息	环境影响评价领域的信用基础信息和评价结果信息
17		环保信用评价结果

续表

序号	信息类别	条目
18	遵守法律法规情况的信息	从事土壤污染状况调查和土壤污染风险评估、风险管控、修复、风险管控效果评估、修复效果评估、后期管理等活动的单位和个人的执业情况及遵守有关法律法规情况信息
19		（碳排放）重点排放单位未按照规定清缴碳排放配额信息
20		（碳排放）重点排放单位在年度排放报告编制过程中篡改、伪造数据资料，使用虚假的数据资料或者实施其他弄虚作假行为信息
21		（碳排放）技术服务机构在年度排放报告编制或者对年度排放报告进行技术审核过程中篡改、伪造数据资料，使用虚假的数据资料或者实施其他弄虚作假行为信息
22		环境检测机构违法违规行为信息
23	诚实守信相关荣誉信息	生态环境领域诚实守信相关荣誉信息
24	司法裁判及执行信息	刑事判决司法裁判信息
25		民事裁判司法裁判信息
26		纳入失信被执行人名单及限制消费信息

第三节 环境信用监管的主要手段

信用监管的政策手段是指为了实现信用监管目标所运用的方法和措施。按照政府管制的强制程度，环境政策手段一般分为命令控制、经济刺激和劝说鼓励三类[①]。按照这一分类标准，环境信用监管作为一项整体性的运行机制难以归入上述分析框架。虽然信用监管中的某一个环节，如信用评价结果公开，可以理解为劝说鼓励类措施中的信用信息公开，信用差异化监管措施可以理解为经济刺激类手段，但这种碎片式分类掩盖了信用监管的作用机理，无法描述基于环境信用信息所发生的复杂作用机制。

基于上述理解，本书对环境信用监管体系中政策手段的分析，从作用机理与实施过程的角度，将其分为三大类：环境信用评价及其结果公开；环境信用差异化监管措施；环境信用信息共享公开。其中的环境信用差异化监管措施又可以包括信用分级分类监管措施、环境信用联合奖惩两小类。

①宋国君，等．环境政策分析［M］.2版．北京：化学工业出版社，2020：73-74.

各地在探索中的环境信用承诺、环境信用修复、黑名单等，由于尚未在全国范围内形成较为通用、固定的政策手段，未纳入本部分探讨。

一、环境信用评价及其结果公开

在行业信用监管中，信用评价是较为常见的政策手段，是重要的分类监管工具①。例如，水利建设领域②、交通运输领域③、市场监管部门对市场主体开展的信用风险评价④等。以评价主体为政府部门或第三方机构、评价结果是否公开分类，我们至少可以观察到三种实施路径（图3-4），一是政府主导外部行为路径，二是政府主导内部评级路径，三是政府指导行业自律路径。

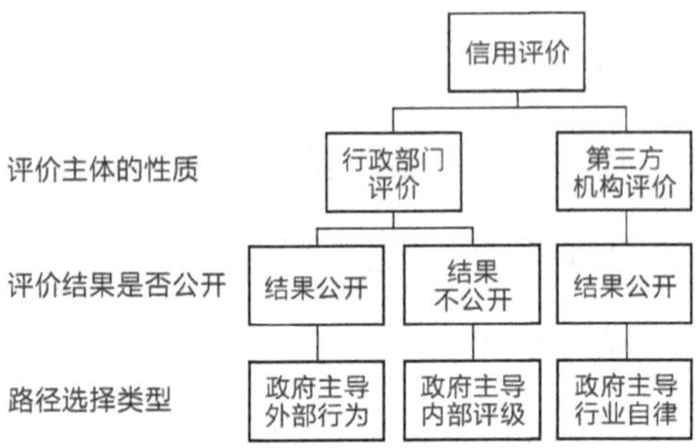

图 3-4　信用评价实施的三种路径

①王瑞雪．论行政评级及其法律控制 [J]. 法商研究，2018，35（3）:27-37.

②丰景春，马佳佳，冯同祖，等．水利建设市场主体信用评价指标体系研究 [J]. 水利经济，2021，39（4）:54-60，79.

③杨志杰．加强信用评价在交通建设领域应用的实践与思考 [J]. 交通与港航，2021，8（4）:86-89.

④贺博．市场监管总局：实施“信用+”工程　加快信用监管与各领域工作融合 [J]. 中国信用，2023（4）:40.

环境信用评价采取政府主导的外部行为路径，其特点为：

（1）信用评价主体为环境部门，环境部门制定评价办法和评价标准、确定参评单位范围，参评单位（信用主体）主要为环境行政执法中的监管对象，其在是否参加信用评价上一般没有选择权。

（2）评价结果对社会公开。生态环境部门作为评价主体，评价结果公开，是行政主体公法上的意思表示，包含了行政主体的价值判断，其评价行为在法律上为外部行政行为①。

环境信用评价的政府主导的外部实施路径与其他两种路径相比，首先，在评价主体上区别于以水利部门为代表的政府主导行业自律路径，水利部门引入第三方机构作为信用评价主体开展信用评价，水利部对第三方信用评价机构开展备案登记管理，并制定信用评价标准，参评单位遵循自愿原则参加信用评价，其评价主体为第三方机构，评价主体与信用主体之间建立了平等主体之间的信用评价服务协议关系。其次，在结果公开方面区别于以市场监管部门的信用风险评价为代表的政府主导内部评级路径，信用风险评价结果不对社会公开，仅作为配置监管资源的内部参考依据，因此其评价信息来源较为广泛，且一般不会对企业产生商誉方面的外部影响。环境信用评价的政府主导的外部实施路径体现了环境部门将公开信用评价结果作为一种公共服务的考虑②，信用评价结果具有较强的公信力。

---

①袁文瀚．信用监管的行政法解读［J］．行政法学研究，2019（1）：18-31.

②环境保护部等四部委联合发布《企业环境信用评价办法（试行）》，中华人民共和国生态环境部，http://www.mee.gov.cn/gkml/sthjbgw/qt/201401/t20140108_266180.htm.

二、环境信用差异化监管措施

环境信用差异化监管措施包括生态环境部门的信用分级分类监管措施与其他相关部门等实施的信用联合惩戒措施。目前，开展环境信用差异化监管措施的政策依据主要为：2013 年的《办法试行》，其专设第六章“守信激励和失信惩戒”，根据企业环境信用评价等级的四个级别，将对企业的环境监管措施分为四个类别，以列举方式详细规定了守信激励、常规管理、实施严格管理的约束性措施和失信惩戒措施。监管措施主要为在环境行政许可申请、环保专项资金或者其他资金补助、执法监察频次等方面实施差异化监管，同时规定了环境部门要建议其他部门、机构在财政、信贷、保险等方面实施差异化措施。2016 年的《联合惩戒备忘录》，提出四个方面 25 类联合惩戒措施，这些联合惩戒措施的实施主体是生态环境部门之外的其他相关部门[①]，包括限制市场准入、行政许可或者融资行为，停止优惠政策，限制考核表彰等（表 3-2）。国家发展改革委、中国人民银行会同社会信用体系建设部际联席会议成员单位和其他有关部门，于 2024 年 2 月 18 日印发实施《全国失信惩戒措施基础清单（2024 年版）》（以下简称《惩戒措施清单》）。《惩戒措施清单》对现行有效的分级分类监管措施与信用联合惩戒措施进行列举和汇总，基本明确了目前环境信用差异化监管措施的主要内容（表 3-3）。

①对十三届全国人大五次会议第 3152 号建议的答复_中华人民共和国生态环境部，http://www.mee.gov.cn/xxgk20118/xxgk/xxgk13/201810/t20181015_662315.htm.

表 3-2 《联合惩戒备忘录》中的联合惩戒措施一览表

序号	惩戒措施类别	具体惩戒措施
1	（一）限制或者禁止生产经营单位的市场准入、行政许可或者融资行为	限制取得政府供应土地
2		限制取得工业产品生产许可证
3		禁止作为供应商参加政府采购活动
4		限制参与财政投资公共工程建设项目投标活动
5		限制参与基础设施和公用事业特许经营
6		依法限制取得安全生产许可证
7		对弄虚作假的机动车排放检验机构，撤销其检验检测机构资质
8		失信生产经营单位申请适用海关认证企业管理的，海关不予通过认证
9		限制发行企业债券及公司债券
10		限制注册非金融企业债务融资工具
11		将生产经营单位的失信信息作为股票发行审核及在全国中小企业股份转让系统公开转让审核的参考

续表

序号	惩戒措施类别	具体惩戒措施
12	（二）停止执行生产经营单位享受的优惠政策，或者对其关于优惠政策的申请不予批准	对于享受环保电价加价的燃煤电厂，没收二氧化硫、氮氧化物、烟尘排放超标相应时段的环保电价款，并从重处以罚款
13		因违反环境保护法律法规受到处罚的，根据财政部、国家税务总局的相关规定，自处罚决定下达的次月起36个月内，不得享受资源综合利用产品和劳务增值税即征即退政策
14		存在超过污染物排放标准或者超过重点污染物排放总量控制指标排放污染物等违法行为的，按照财政部、国家税务总局的相关规定，停止执行已经享受的环境保护项目企业所得税优惠
15		停止执行相关财政性资金支持，或者限制其申请财政性资金项目
16		停止执行投资等领域相关优惠性政策，或者对其关于享受相关优惠性政策的申请不予批准
17	（三）在经营业绩考核、综合评价、评优表彰等工作中，对生产经营单位及相关负责人予以限制	失信生产经营单位相关负责人适用中央企业负责人经营业绩考核有关规定的，视情节轻重和影响程度，扣减年度经营业绩考核综合得分，直至降低其年度经营业绩考核和任期经营业绩考核等级，并相应扣发企业负责人绩效年薪和任期激励收入；情节严重的，给予纪律处分或者对企业负责人进行调整

续表

序号	惩戒措施类别	具体惩戒措施
18	（三）在经营业绩考核、综合评价、评优表彰等工作中，对生产经营单位及相关负责人予以限制	失信生产经营单位相关负责人适用中央统战部等 14 个部门关于非公有制经济代表人士综合评价有关规定的，不应推荐其为人大代表候选人、政协委员人选，也不得评优表彰
19		对失信生产经营单位，不得授予文明单位等荣誉称号，已获得荣誉称号的予以撤销；对失信生产经营单位法定代表人、主要负责人和直接责任人，不得授予道德模范、五一劳动奖章等荣誉称号，已获得荣誉称号的予以撤销
20	（四）其他惩戒措施	推动各金融机构将失信生产经营单位的失信情况作为融资授信的参考
21		推动各保险机构将失信生产经营单位的失信记录作为厘定环境污染责任保险费率的参考
22		在上市公司或者非公众上市公司收购的事中、事后监管中，对有严重失信行为的生产经营单位予以重点关注
23		各市场监管、行业主管部门将失信生产经营单位作为重点监管对象，加大日常监管力度，提高抽查比例和抽查频次
24		有关部门将失信生产经营单位信息，通过“信用中国”网站和国家企业信用信息公示系统向社会公布
25		各部门依法实施的其他惩戒措施

表 3-3 《惩戒措施清单》中的惩戒措施一览表

序号	惩戒措施	惩戒内容	惩戒对象	法规政策依据	实施主体
1	依法依规实施市场或行业禁入(退出)	依法禁止从事环境影响报告书、环境影响报告表编制工作	违反国家有关环境影响评价标准和技术规范等规定，致使其编制的建设项目环境影响报告书、环境影响报告表存在基础资料明显不实，内容存在重大缺陷、遗漏或者虚假，环境影响评价结论不正确或者不合理等严重质量问题，且情节严重的接受委托编制建设项目环境影响报告书、环境影响报告表的技术单位	《中华人民共和国环境影响评价法》第三十二条	生态环境部门

续表

序号	惩戒措施	惩戒内容	惩戒对象	法规政策依据	实施主体
2	依法依规实施市场或行业禁入（退出）	依法禁止从事土壤污染状况调查和土壤污染风险评估、风险管控效果评估、修复效果评估业务	违反《中华人民共和国土壤污染防治法》的规定，受委托从事土壤污染状况调查和土壤污染风险评估、风险管控效果评估、修复效果评估活动，出具虚假调查报告、风险评估报告、风险管控效果评估报告、修复效果评估报告，情节严重的单位	《中华人民共和国土壤污染防治法》第九十条	生态环境部门
3		在一定期限内依法禁止申请排污许可证	违反《排污许可管理条例》的规定，欺骗、贿赂、伪造、变造、转让排污许可证的主体	《排污许可管理条例》第四十条、第四十一条	生态环境部门

续表

序号	惩戒措施	惩戒内容	惩戒对象	法规政策依据	实施主体
4	依法依规实施市场或行业禁入(退出)	依法禁止从事排污许可技术服务	违反《排污许可管理条例》的规定，弄虚作假且情节严重的接受审批部门委托的排污许可技术机构	《排污许可管理条例》第四十二条	生态环境部门
5		在一定期限内依法禁止申请领取辐射安全许可证	违反《放射性同位素与射线装置安全和防护条例》的规定，被依法吊销许可证或者伪造、变造许可证的单位	《放射性同位素与射线装置安全和防护条例》第六十三条	生态环境部门
6		在一定期限内依法禁止申请领取民用核安全设备许可证	违反《民用核安全设备监督管理条例》的规定，被依法吊销许可证的单位	《民用核安全设备监督管理条例》第五十九条	生态环境部门

续表

序号	惩戒措施	惩戒内容	惩戒对象	法规政策依据	实施主体
7	依法依规实施市场或行业禁入（退出）	在一定期限内禁止申请入河排污口设置审批	申请入河排污口设置审批时，隐瞒本单位有关生态环境行政许可情况或者提供虚假材料的行政许可申请人，以及以欺骗、贿赂等不正当手段取得入河排污口设置审批同意的被许可人	《中华人民共和国行政许可法》第七十八条、第七十九条、第八十条，《中华人民共和国水污染防治法》第十九条，《中华人民共和国水法》第三十四条，《国务院办公厅关于加强入河入海排污口监督管理工作的实施意见》	生态环境部门
8		禁止从事年度排放报告编制和技术审核业务	开展温室气体排放相关检验检测，在年度排放报告编制或者对年度排放报告进行技术审核过程中篡改、伪造数据资料，使用虚假的数据资料或者实施其他弄虚作假行为且情节严重的技术服务机构	《碳排放权交易管理暂行条例》第二十三条、第二十七条	生态环境部门

续表

序号	惩戒措施	惩戒内容	惩戒对象	法规政策依据	实施主体
9	依法依规实施市场或行业禁入(退出)	一定期限内禁止从事废弃物海洋倾倒活动	因未取得倾倒许可证，向海洋倾倒废弃物，或因在海上焚烧废弃物或者处置放射性废物及其他放射性物质，两年内受到行政处罚三次以上的船舶的所有人、经营人或者管理人，船长、责任船员或者其他责任人员；因未按照倾倒许可证的规定倾倒废弃物，被吊销倾倒许可证的主体	《碳排放权交易管理暂行条例》第二十三条、第二十七条	生态环境部门

续表

序号	惩戒措施	惩戒内容	惩戒对象	法规政策依据	实施主体
10	依法依规实施市场或行业禁入(退出)	一定期限内禁止申请倾倒许可证	因提供虚假申请材料、欺骗、贿赂等不正当手段申请取得倾倒许可证，被依法撤销倾倒许可证并处罚款的主体	《中华人民共和国海洋环境保护法》第一百零七条	国务院生态环境主管部门及其海域派出机构
11		在一定期限内依法禁止从事直至终身禁止从事土壤污染状况调查和土壤污染风险评估、风险管控效果评估、修复效果评估相关业务	违反《中华人民共和国土壤污染防治法》的规定，受委托从事土壤污染状况调查和土壤污染风险评估、风险管控效果评估、修复效果评估活动，出具虚假调查报告、风险评估报告、风险管控效果评估报告、修复效果评估报告，情节严重的单位直接负责的主管人员和其他直接责任人员	《中华人民共和国土壤污染防治法》第九十条	生态环境部门

续表

序号	惩戒措施	惩戒内容	惩戒对象	法规政策依据	实施主体
12	依法依规实施市场或行业禁入（退出）	在一定期限内依法禁止直至终身禁止从事环境影响报告书、环境影响报告表编制工作	有《中华人民共和国环境影响评价法》第三十二条规定违法行为的编制单位的编制主持人和主要编制人员	《中华人民共和国环境影响评价法》第三十二条	生态环境部门
13		一定期限内禁止或终身禁止从事温室气体排放相关检验检测、年度排放报告编制和技术审核业务	开展温室气体排放相关检验检测，因出具不实或者虚假的检验检测报告，以及在年度排放报告编制或者对年度排放报告进行技术审核过程中篡改、伪造数据资料，使用虚假的数据资料或者实施其他弄虚作假行为而受到处罚的技术服务机构，其直接负责的主管人员和其他直接责任人员	《碳排放权交易管理暂行条例》第二十三条、第二十七条	生态环境部门

续表

序号	惩戒措施	惩戒内容	惩戒对象	法规政策依据	实施主体
14	依法依规纳入严重失信主体名单	依法依规纳入环境违法企业黑名单	有环境治理领域（行业）违法排污相关特定严重失信行为的经营主体	中共中央办公厅、国务院办公厅印发的《关于构建现代环境治理体系的指导意见》，《国务院办公厅关于加强环境监管执法的通知》（国办发〔2014〕56号）	生态环境部门
15	依法依规共享公示失信信息	依法依规共享公示失信信息	存在不良信用记录的经营主体	《中华人民共和国民事诉讼法》第二百六十二条，《中华人民共和国反不正当竞争法》第二十六条，《政府信息公开条例》第二十条，《企业信息公示暂行条例》第六条、第七条、第十四条、第十五条、第十七条，《国务院关于建立完善守信联合激励和失信联合	生态环境部门

续表

序号	惩戒措施	惩戒内容	惩戒对象	法规政策依据	实施主体
15	依法依规共享公示失信信息	依法依规共享公示失信信息	存在不良信用记录的经营主体	惩戒制度加快推进社会诚信建设的指导意见》（国发〔2016〕33号），《国务院办公厅关于加快推进社会信用体系建设构建以信用为基础的新型监管机制的指导意见》（国办发〔2019〕35号），《空气质量持续改善行动计划》（国发〔2023〕24号）第三十七条	生态环境部门
16	纳入重点监管范围	列为重点监管对象	存在不良信用记录的经营主体	中共中央办公厅、国务院办公厅印发的《关于改革社会组织管理制度促进社会组织健康有序发展的意见》，《国	有关政府部门

续表

序号	惩戒措施	惩戒内容	惩戒对象	法规政策依据	实施主体
16	纳入重点监管范围	列为重点监管对象	存在不良信用记录的经营主体	务院关于建立完善守信联合激励和失信联合惩戒制度加快推进社会诚信建设的指导意见》（国发〔2016〕33号），《国务院办公厅关于加快推进社会信用体系建设构建以信用为基础的新型监管机制的指导意见》（国办发〔2019〕35号）	有关政府部门

上述政策文件分别通过对生态环境部门分级分类监管措施的规定，以及其他相关部门联合惩戒措施的规定共同塑造了环境信用评价等级以及其他环境信用信息的多元化应用场景。本书将具体措施分为以下三类。

1. 减损信用主体权益或增加其义务的措施

减损信用主体权益或增加其义务的措施主要为实施市场或行业禁入，适用于存在弄虚作假、违法情节严重或屡次违法等情形的排污单位，以及第三方环境服务单位及其从业人员。值得注意的是，这类措施在法律性质上原本为典型的行政处罚行为，社会信用体系将其吸纳为信用惩戒措施，在《全国失信惩戒措施基础清单》中按照统一的“惩戒措施”“惩戒内容”“惩戒对象”及“实施主体”框架进行了表述，其实是对违法责任及有关行政处罚的一种重述。其适用情形与主体包括：受委托编制环评报告的技术单位、受委托从事土壤污染状况调查和土壤污染风险评估的单位；开展温室气体排放相关检验检测的技术服务机构等弄虚作假且情节严重的；欺骗、贿赂、伪造、变造及转让排污许可证的主体以及弄虚作假且情节严重的排污许可技术机构；违反《放射性同位素与射线装置安全和防护条例》《民用核安全设备监督管理条例》被依法吊销许可证的单位；因海洋倾倒等环境违法行为在一定期限内多次受到行政处罚的船舶所有人、船长等相关责任人员以及弄虚作假取得倾倒许可证被依法撤销倾倒许可证并处罚的主体等。实施市场或行业禁入的措施，其适用对象既包括排污单位、第三方环境服务单位，也包括第三方环境服务单位从业人员。

2. 对排污单位依法依规实施重点监管

对排污单位依法实施重点监管措施主要是指提高检查频次、评优评先、行政审批绿色通道等，与前文所述实施市场或行业禁入的措施不同，重点监管措施在法律性质上不属于行政处罚，是在行政机关的行政行为自由裁量权范围内根据监管对象的信用评价等级等信用状况开展的差异化监管措施，其实施依据主要为相关政策文件中的信用管理规定，各地差异较大。目前，国家层面的政策文件主要规定了以下信用差异化监管内容：一是将环境信用评价等级纳入生态环境“双随机、一公开”监管。《关于进一步加强生态环境“双随机、一公开”监管工作的指导意见》（环办执法〔2021〕18 号）共计 6 处涉及信用。要求按照差异化管理原则，结合排污许可管理类别、排污单位信用记录和生态环境管理需要等因素，将被检查对象科学地分为一般监管对象、重点监管对象、特殊监管对象三类。并“科学设定随机抽查频次”，对存在生态环境违法问题、群众普遍反映强烈、社会关注度高、信用评价等级低、有特殊管理需要以及污染防治技术不能稳定达到排污许可证规定的监管对象，可适当增加抽查频次。“严格落实检查结果公开”，实施行政处罚的，应在作出行政处罚决定后，纳入国家有关信用信息系统。

二是将环境信用记录纳入排污单位的排污许可执法检查。《排污许可管理条例》（国令第 736 号）共计 5 处涉及信用。主要规定了根据信用记录确定检查频次和检查方式。在全国排污许可证管理信息平台上记录执法检查时间、内容、结果以及处罚决定，同时将处罚决定纳入国家有关信用信息系统向社会公布。并规定了技术机构弄虚作假的信息公开与行业禁入惩戒。

三是将环境信用评价等级纳入“生态环境监督执法正面清单管理”。《关于加强生态环境监督执法正面清单管理推动差异化执法监管的指导意见》（环办执法〔2021〕10 号）共计 3 处涉及信用。将信用评价结果作为正面清单纳入条件之一。规范纳入发布程序，将统一社会信用代码向社会公开。统筹制度衔接，正面清单与信用评价衔接。

3. 财政性资金和项目支持等事项的差异化措施

将信用评价结果作为生态环保支持项目储备库入库的必备条件，《生态环保金融支持项目储备库入库指南（试行）》（环办科财〔2022〕6 号）规定，入库项目申报主体应为已建立现代企业制度、经营状况和信用状况良好的市场化企业，或县级（含）以上政府及其有关部门等；项目融资主体应为市场化企业，且其环保信用评价并不是最低等级。

三、环境信用信息共享公开

环境信用信息是环境监管的客体，在前文环境信用监管客体的分析中，我们将环境信用信息分为三类，其共享和公开有不同的政策法律规定。此处的环境信用信息共享是指将企业环境信用信息在相关政府部门间共享；环境信用信息公开是指将企业环境信用信息对社会公开。

第一类，企业环境信用评价结果信息向社会公开。根据《办法试行》第二十七条，企业环境信用评价结果确定后 5 个工作日内，环保部门通过政府网站、报纸等媒体或者新闻发布会等方式，公开发布评价结果。

第二类，环境违法企业黑名单信息向社会公开。具体为有环境治理领域（行业）违法排污相关特定严重失信行为的经营主体，根据中共中央办公厅、国务院办公厅印发的《关于构建现代环境治理体系的指导意见》与《国务院办公厅关于加强环境监管执法的通知》（国办发〔2014〕56 号）的规定，纳入环境违法企业黑名单并对社会公开。

第三类，依法依规共享失信信息。具体为存在不良信用记录的经营主体，根据《中华人民共和国民事诉讼法》第二百六十二条，《中华人民共和国反不正当竞争法》第二十六条，《政府信息公开条例》第二十条，《企业信息公示暂行条例》第六条、第七条、第十四条、第十五条、第十七条，《国务院关于建立完善守信联合激励和失信联合惩戒制度加快推进社会诚信建设的指导意见》（国发〔2016〕33 号），《国务院办公厅关于加快推进社会信用体系建设构建以信用为基础的新型监管机制的指导意见》（国办发〔2019〕35号），《空气质量持续改善行动计划》（国发〔2023〕24号）第三十七条的规定，共享其失信信息。根据《联合惩戒备忘录》的规定，信息共享的主要方式是，环保部门通过全国信用信息共享平台向签署本备忘录的各有关部门提供环境保护领域失信生产经营单位及其有关人员相关信息，并按照有关规定动态更新。

第四章
环境信用监管体系的实施及主要问题

第一节
总体实施情况概述

截至2024年年底，全国有29个省（区、市）制定发布了本行政区域范围适用的环境信用评价实施办法（表4-1）。各地根据排污单位环境信用评价结果，在重污染天气应急管控等领域，依法依规实行分级分类监管；对第三方环保服务机构开展信用记录与黑名单管理。对环评编制单位、土壤污染风险管控和修复、环境监测等领域开展黑名单、信用记录、信用评价管理等；推动实施跨部门奖惩，重点在绿色信贷、差别电价、污水处理费等市场化领域奖惩应用，充分发挥环境信用守信激励作用，引导市场主体履行生态环境保护责任，促进优化营商环境。

表 4-1　地方环境信用评价实施政策制定情况一览表

地区	文件名	时间	文件号
上海	《上海市生态环境信用评价管理办法》	2024 年 12 月 17 日	沪环规〔2024〕18 号
湖南	《湖南省企事业单位环保信用评价管理办法(试行)》	2023 年 12 月 4 日	湘环发〔2023〕93 号
青海	《青海省企业环境信用评价管理办法（试行）》	2023 年 10 月 16 日	青生发〔2023〕344 号
陕西	《陕西省企事业单位生态环境信用评价管理办法（试行）》	2023 年 10 月 16 日	陕环发〔2023〕60 号
山西	《山西省企业环境信用评价试点工作方案》	2023 年 7 月 12 日	晋环函〔2023〕511 号
内蒙古	《内蒙古自治区排污单位生态环境信用评价管理办法（试行）》	2023 年 5 月 31 日	内环发〔2023〕41 号
湖北	《湖北省企事业单位生态环保信用评价办法》	2022 年 12 月 2 日	鄂环发〔2022〕24 号

续表

地区	文件名	时间	文件号
海南	《海南省企事业环保信用评价管理办法》	2022 年 11 月 2 日	琼环规字〔2022〕1 号
辽宁	《辽宁省企业环境信用评价管理办法》	2022 年 9 月 22 日	辽环发〔2022〕20 号
天津	《天津市企业环境信用评价和分类监管办法(试行)》	2022 年 8 月 26 日	津环规范〔2022〕2 号
重庆	《重庆市企业环境信用评价办法》	2021 年 12 月 30 日	渝环规〔2021〕7 号
广西	《广西壮族自治区企业生态环境信用评价办法》	2021 年 12 月 9 日	桂环规范〔2021〕8 号
甘肃	《甘肃省环保信用评价管理办法（试行）》	2021 年 11 月 22 日	甘环法规发〔2021〕14 号
安徽	《安徽省企业环境信用评价实施方案》	2021 年 1 月 8 日	皖环函〔2019〕662 号
山东	《山东省企业环境信用评价办法》	2020 年 12 月 31 日	鲁环发〔2020〕52 号

续表

地区	文件名	时间	文件号
四川	《四川省企业环境信用评价指标及计分方法（2019年版）》	2020年6月29日	川环办发〔2020〕21号
广东	《广东省生态环境厅关于开展2019年省级企业环境信用评价工作的通知》	2020年4月2日	粤环函〔2020〕102号
浙江	《浙江省企业环境信用评价管理办法（试行）》	2020年1月20日	浙环函〔2020〕16号
河北	《河北省企业生态环境信用管理办法（试行）》	2019年12月31日	冀环规范〔2019〕4号
江苏	《江苏省企事业环保信用评价办法》	2019年12月13日	苏环规〔2019〕5号
宁夏	《宁夏回族自治区企业环境信用评价办法》	2019年11月9日	宁环规发〔2019〕5号
贵州	《〈贵州省企业环境信用评价指标体系及评价方法〉〈企业环保信用评价结果等级描述〉〈贵州省企业环境信用评价工作指南〉》	2019年9月30日	黔环通〔2019〕181号

续表

地区	文件名	时间	文件号
福建	《福建省企业环境信用动态评价实施方案（试行）》	2018 年 12 月 19 日	闽环保总队〔2018〕67 号
新疆	《新疆维吾尔自治区企业环境信用评价管理办法（试行）》	2018 年 9 月 7 日	新环发〔2018〕135 号
河南	《河南省企业事业单位环保信用评价管理办法》	2018 年 7 月 25 日	豫环文〔2018〕217 号
黑龙江	《黑龙江省企业环境信用评价暂行办法》	2017 年 12 月 25 日	黑环办〔2017〕263 号
吉林	《吉林省企业环境信用评价方法（试行）》	2017 年 12 月 18 日	吉环发〔2017〕33 号
江西	《江西省企业环境信用评价及信用管理暂行办法》	2017 年 10 月 25 日	赣环法字〔2017〕18 号
西藏	《西藏自治区企业环境信用等级评价办法（试行）》	2014 年 8 月 8 日	—

一、各地排污单位环境信用评价企业范围及数量

各地排污单位环境信用评级企业，亦即环境信用监管体系中的环境信用主体，其范围及数量在各地差异较大。本书通过公开网络数据搜集到江

苏、浙江、上海、河南、四川、河北、辽宁、内蒙古、湖南、安徽、海南、广东、广西、陕西、福建、重庆、宁夏、吉林、贵州、新疆、青海共21个省（区、市）的排污企业环境信用评价数据。2023年，总计评价企业数量共计567 731家（表4-2）。

表 4-2　21个省（区、市）环境信用评价企业范围与数量汇总

序号	地区	评价企业数量 / 家	实施办法中规定的评价企业范围
1	江苏	241 372	①生态环境主管部门确定的重点排污单位； ②列入污染源日常监管的单位； ③纳入排污许可管理的单位； ④产生环境行为信息的单位； ⑤其他按规定应当纳入环保信用管理的单位
2	浙江	194 737	①年度重点排污单位； ②列入重点环境风险源名录管理的排污单位； ③实施排污许可重点管理的排污单位； ④纳入生态环境主管部门“双随机”抽查监管的排污单位； ⑤环境影响评价、环境监测、污染源自动监控运维、排污许可技术咨询、环境污染第三方治理等领域的环境服务机构； ⑥列入生态环境严重失信名单的单位

续表

序号	地区	评价企业数量／家	实施办法中规定的评价企业范围
3	上海	47 325	①评价年度开展过生态环境现场或非现场检查的排污许可持证单位； ②评价年度开展过生态环境现场或非现场检查的重点排污单位； ③评价年度在本市受到生态环境行政处罚的企业事业单位； ④其他按规定应当纳入生态环境信用评价管理的企业事业单位
4	河南	24 470	①重点排污单位； ②纳入排污许可证、危险废物经营许可证管理的企业事业单位； ③环境影响评价机构、在线监测运行维护机构、机动车排污检验机构、环境污染第三方治理机构和第三方社会检测机构等环境服务机构； ④省环保部门确定的应当纳入生态环境信用评价管理的其他企业事业单位
5	四川	10 794	未提及
6	河北	9 158	①生态环境部公布的国家重点监控企业； ②设区的市级以上地方人民政府环保部门公布的重点监控企业；

续表

序号	地区	评价企业数量 / 家	实施办法中规定的评价企业范围
6	河北	9 158	③重污染行业内的企业，重污染行业包括火电、钢铁、水泥、电解铝、煤炭、冶金、化工、石化、建材、造纸、酿造、制药、发酵、纺织、制革和采矿业 16 类行业，以及国家确定的其他污染严重的行业； ④产能严重过剩行业内的企业； ⑤从事能源、自然资源开发、交通基础设施建设，以及其他开发建设活动，可能对生态环境造成重大影响的企业； ⑥污染物排放超过国家和地方规定的排放标准的企业，或者超过经有关地方人民政府核定的污染物排放总量控制指标的企业； ⑦使用有毒、有害原料进行生产的企业，或者在生产中排放有毒、有害物质的企业； ⑧上一年度发生较大及以上突发环境事件的企业； ⑨上一年度被处以 5 万元以上罚款、暂扣或者吊销许可证、责令停产整顿、挂牌督办的企业； ⑩省级以上环保部门确定的应当纳入环境信用评价范围的其他企业

续表

序号	地区	评价企业数量/家	实施办法中规定的评价企业范围
7	辽宁	8 776	①重点排污单位； ②上一年度发生突发环境事件的企业，或存在重大环境安全隐患的企业； ③上一年度发生环境违法行为的企业； ④在属地开展服务工作的自动监测（监控）设施运维、环境监测等社会环境服务机构； ⑤根据管理需要应纳入环境信用评价的其他企业
8	内蒙古	5 467	①实行排污许可管理的单位； ②纳入《环境监管重点单位名录》的单位； ③实施强制性清洁生产审核的单位； ④核技术利用单位及伴生放射性开发利用单位； ⑤纳入信用评价范围的排污单位负责人或直接责任人； ⑥法律法规规定的其他应当开展信用评价的排污单位、相关从业人员； ⑦涉嫌犯罪的排污单位、相关从业人员不在本办法评价范围内
9	湖南	3 685	①实施排污许可证重点和简化管理的企业事业单位； ②重点辐射工作单位，包括从事生产、销售，使用Ⅰ类、Ⅱ类、Ⅲ类放射源，非密封放射性物质和Ⅰ类、Ⅱ类射线装置的单位；

续表

序号	地区	评价企业数量／家	实施办法中规定的评价企业范围
9	湖南	3 685	③在湖南省开展环境服务业的企事业单位，含环境影响评价、生态环境检测和第三方治理机构； ④根据国家法律、法规纳入环保信用评价的企事业单位
10	安徽	3 152	①纳入生态环境部重点排污单位名录管理系统的； ②重污染行业内的企业，重污染行业包括火电、钢铁、水泥、电解铝、煤炭、冶金、化工、石化、建材、造纸、酿造、制药、发酵、纺织、制革和采矿业 16 类行业，以及国家确定的其他污染严重的行业； ③产能严重过剩行业内的企业； ④从事能源、自然资源开发、交通基础设施建设，以及其他开发建设活动，可能对生态环境造成重大影响的企业； ⑤污染物排放超过国家和地方规定的排放标准的企业，或者超过经有关地方人民政府核定的污染物排放总量控制指标的企业； ⑥使用有毒、有害原料进行生产的企业，或者在生产中排放有毒、有害物质的企业； ⑦上一年度发生较大及以上突发环境事件的企业；

续表

序号	地区	评价企业数量 / 家	实施办法中规定的评价企业范围
10	安徽	3 152	⑧上一年度被处以 5 万元以上罚款、暂扣或者吊销许可证、责令停产整顿、挂牌督办的企业
11	海南	2 692	①已公布的重点排污单位； ②纳入排污许可管理的单位、温室气体重点排放单位、重点辐射工作单位； ③环境影响评价、生态环境监测、环境污染第三方治理等领域的环境服务机构； ④因生态环境违法行为受到行政处罚的单位； ⑤其他按规定纳入环保信用评价的单位
12	广东	2 588	①生态环境部公布的国家重点监控企业； ②设区的市级以上地方人民政府环保部门公布的重点监控企业； ③重污染行业内的企业，重污染行业包括火电、钢铁、水泥、电解铝、煤炭、冶金、化工、石化、建材、造纸、酿造、制药、发酵、纺织、制革和采矿业 16 类行业，以及国家确定的其他污染严重的行业； ④产能严重过剩行业内的企业； ⑤从事能源、自然资源开发、交通基础设施建设，以及其他开发建设活动，可能对生态环境造成重大影响的企业；

续表

序号	地区	评价企业数量 / 家	实施办法中规定的评价企业范围
12	广东	2 588	⑥污染物排放超过国家和地方规定的排放标准的企业，或者超过经有关地方人民政府核定的污染物排放总量控制指标的企业； ⑦使用有毒、有害原料进行生产的企业，或者在生产中排放有毒、有害物质的企业； ⑧上一年度发生较大及以上突发环境事件的企业； ⑨上一年度被处以 5 万元以上罚款、暂扣或者吊销许可证、责令停产整顿、挂牌督办的企业； ⑩省级以上环保部门确定的应当纳入环境信用评价范围的其他企业
13	广西	2 527	①自治区生态环境主管部门发布的年度重点排污单位； ②实行排污许可重点管理的排污单位； ③纳入生态环境执法“双随机、一公开”重点监管对象、特殊监管对象的排污单位； ④自治区生态环境主管部门认为需要纳入生态环境信用评价的排污单位
14	陕西	2 189	①实行排污许可重点管理的排污单位； ②环境监管重点单位； ③纳入全国碳排放权交易市场配额履约的企业；

续表

序号	地区	评价企业数量／家	实施办法中规定的评价企业范围
14	陕西	2 189	④评价周期内因生态环境违法行为受到行政处罚的企业事业单位或其有关责任人被追究刑事责任的企业事业单位； ⑤法律法规规章及其他国家文件规定的其他应当开展生态环境信用评价的企业事业单位
15	福建	2 090	①强制评价：污染物排放总量大、环境风险高、生态环境影响大、环境违法问题突出的企业。包括但不限于：存在污染物排放的上市企业，已核发国家版排污许可证的企业以及各地结合实际情况报经省生态环境厅同意纳入强制评价范围的其他企业。 ②应约评价：根据福建省环保厅、中国人民银行福州中心支行、福建银监局、福建证监局、福建保监局《关于加强绿色金融和环境信用评价联动助推高质量发展的实施意见》（闽环保总队〔2018〕44 号），金融机构对其企业客户进行甄别，筛选出需要了解掌握其环境信用情况的企业客户并函告生态环境部门，由生态环境部门对其中未纳入强制评价和自愿评价的企业开展简化、高效、便捷的环境信用评价。 ③自愿评价：鼓励和引导其他企业主动参与环境信用评价

续表

序号	地区	评价企业数量 / 家	实施办法中规定的评价企业范围
16	重庆	1 843	①市生态环境局公布的重点排污单位； ②申领排污许可证实行重点管理的企业； ③重污染行业内的企业，重污染行业包括火电、钢铁、水泥、电解铝、煤炭、冶金、化工、石化、建材、造纸、酿造、制药、发酵、纺织、制革和采矿业 16 类行业，以及国家确定的其他污染严重的行业； ④从事城镇垃圾处理、城镇污水处理、工业园区污染集中治理、危险废物经营、污染土壤治理及其他环保治理的企业； ⑤产能严重过剩行业内的企业； ⑥从事能源、自然资源开发、交通基础设施建设，以及其他开发建设活动，可能对生态环境造成重大影响的企业； ⑦上一年度污染物排放超过国家和地方规定排放标准的企业，或者超过经核定的污染物排放总量控制指标的企业； ⑧使用有毒、有害原料进行生产的企业，或者在生产中排放有毒、有害物质的企业； ⑨上一年度发生突发环境事件的企业； ⑩上一年度被处以 5 万元以上罚款、暂扣或者吊销许可证、责令停产整治、挂牌督办的企业；

续表

序号	地区	评价企业数量／家	实施办法中规定的评价企业范围
16	重庆	1 843	⑪ 较大及以上环境风险级别企业； ⑫ 市生态环境局确定的应当纳入环境信用评价范围的其他企业
17	宁夏	1 636	未提及
18	吉林	1 197	未提及
19	贵州	1 115	①市（州）级以上生态环境部门依法发布的重点排污单位； ②企业内部管理规范，档案健全，自愿参评的企业事业单位； ③省生态环境厅确定的应当纳入环境信用评价范围的其他企业
20	新疆	832	①纳入排污许可管理的排污企业； ②新疆维吾尔自治区行政区域内从事环境服务的企业； ③其他应当纳入环境信用评价的企业
21	青海	86	①省级重点排污单位（经国家审核认定的全省重点排污单位名录基础上筛选确定）； ②注册在青海省的环境影响评价、在青海省从事社会生态环境监测、污染源自动监控运维、机动车排放检验第三方环境服务机构

二、第三方环境服务单位信用监管

1. 生态环境监测机构信用监管

生态环境监测是生态环境保护的基础，也是生态文明建设的重要支撑。生态环境监测，是指运用化学、物理、生物等技术手段，针对水和废水、环境空气和废气、海水、土壤、沉积物、固体废物、生物、噪声、振动、辐射等要素开展环境质量和污染排放的监测（检测）活动。生态环境监测机构，是指依法成立，依据相关标准或规范开展生态环境监测，向社会出具具有证明作用的数据、结果，并能够承担相应法律责任的专业技术机构。

生态环境监测机构信用管理是指对社会化生态环境监测机构的信用管理。随着党和国家对生态环境保护工作的重视和全民环保意识的提高，作为生态环境保护工作的“眼睛”和“哨兵”，环境监测的工作量与日俱增。仅依靠政府部门所属环境监测机构不足以满足环境监测需求，社会化环境监测机构得到迅速发展①。大量的社会化生态环境监测机构以及环境监测设备运维机构积极参与到生态环境主管部门组织开展的生态环境监测活动之中，并承担着部分环境质量监测、由排污单位委托的污染源监测等业务。第三方环境监测运维机构已经全面参与环境质量监测领域② 。

2017 年，中共中央办公厅、国务院办公厅印发了《关于深化环境监测

①张翼翔，贾岳清，张国忠，等．社会环境监测机构发展现状、监管政策及对策建议 [J]. 环境监控与预警，2024，16（2）:106-113.

②任洋，汪劲．关于对生态环境监测机构实施全过程监管的法律思考 [J]. 环境保护，2019，47（15）:13-16.

改革提高环境监测数据质量的意见》，其中提出推进联合惩戒。各级环境保护部门应当将依法处罚的环境监测数据弄虚作假企业、机构和个人信息向社会公开，并依法纳入全国信用信息共享平台，同时将企业违法信息依法纳入国家企业信用信息公示系统，实现一处违法、处处受限。

生态环境部于 2018 年发布的《关于加强生态环境监测机构监督管理工作的通知》（环监测〔2018〕45 号）提出建立联合惩戒和信息共享机制，生态环境部门和资质认定部门应建立信息共享机制，加强部门合作和信息沟通，及时将生态环境监测机构资质认定和违法违规行为及处罚结果等监管信息在各自门户网站向社会公开。根据《国务院办公厅关于加强个人诚信体系建设的指导意见》的相关要求，对信用优良的生态环境监测机构和人员提供更多服务便利，对严重失信的生态环境监测机构和人员，将违规违法等信息纳入全国信用信息共享平台。

在地方层面，上海、安徽、江苏、湖北、湖南、广东、四川、浙江、重庆、内蒙古、辽宁、海南、青海、河南、广西共 15 个省（区、市）对社会生态环境监测机构的信用建设进行了积极探索，部分省份明确了信用评价的指标依据和评价等级（表 4-3）。

表 4-3　各省级生态环境部门环境监测领域信用监管规范性文件一览表

序号	政策法规名称
1	《上海市生态环境监测社会化服务机构（监测类）信用评价指标体系》（沪环监测〔2023〕52 号）

续表

序号	政策法规名称
2	《安徽省社会生态环境监测机构环境信用评价管理办法（试行）》（皖环发〔2023〕52 号）
3	《江苏省生态环境监测社会服务机构环保信用监督管理办法（试行）》（苏环规〔2024〕1 号）
4	《湖北省生态环境监测机构信用评价管理办法（试行）》（鄂环办〔2022〕59 号）
5	《湖南省企事业单位环保信用评价管理办法（试行）》（湘环发〔2023〕93 号）附件《湖南省生态环境第三方服务机构环保信用评价标准》
6	《广东省环境保护厅关于推进广东省环境监测社会化改革试点的指导意见》（粤环〔2015〕8 号）
7	《四川省社会环境监测机构环境信用评价指标及计分方法》（川环发〔2021〕2 号）
8	《浙江省企业环境信用评价管理办法（试行）》（浙环函〔2020〕16 号）
9	《重庆市社会环境监测机构服务管理办法》（渝环规〔2023〕6 号）
10	《内蒙古自治区第三方生态环境服务机构信用评价管理暂行办法（试行）》（内环发〔2024〕21 号）

续表

序号	政策法规名称
11	《辽宁省生态环境自动监测设备运营维护机构监督管理办法（试行）》（辽宁省生态环境厅通告　2023 年第 13 号）
12	《辽宁省社会生态环境监测机构监督管理办法》（辽宁省生态环境厅、辽宁省市场监督管理局通告　2023 年第 14 号）
13	《海南省企事业环保信用评价管理办法》（琼环规字〔2022〕1 号）
14	《青海省社会生态环境监测机构生态环境监测监督管理办法》（青生发〔2020〕171 号）
15	《河南省生态环境服务机构环境信用评价管理办法》（豫环文〔2019〕243 号）
16	《广西壮族自治区固定污染源自动监测设备社会化运维企业生态环境信用评价管理办法》（桂环规范〔2022〕5 号）

对社会环境监测机构的信用监管，是基于生态环境部门对社会环境监测机构的监管机制。目前，全国尚未建立统一的监管体制，各地对于社会化生态环境监测机构的监管形式各异，主要包括能力认定、登记备案、名录制等方式①。在上述管理方式中，信用管理是其中一项重要管理手段。

上海市对从事生态环境监测社会化服务并完成备案的社会监测机构开展信用评价，评价周期为一个自然年，评价结果每年公布一次。信用评价指标包括社会监测机构的基本素质、业务执行、经营管理、诚信记录等内容。在信用信息的采集上，社会监测机构通过监管系统填报或上传相关信

①任洋，汪劲．关于对生态环境监测机构实施全过程监管的法律思考 [J]. 环境保护，2019，47（15）:13-16.

息和资料。社会监测机构的不良记录由市生态环境局通过上海市公共信用信息服务平台、国家企业信用信息公示系统等平台采集。信用评价结果按照失信风险由低到高分为A级、B级、C级、D级、E级（严重失信）五个等级。信用评价结果的应用主要分为两个方面，一是分级分类监管，市、区两级生态环境部门根据社会监测机构信用评价结果实施分级分类和差异化监管，对于A级社会监测机构，免予现场检查；对于B级社会监测机构，现场抽查比例不超过评定机构数量的10%；对于C级社会监测机构，现场抽查比例不超过评定机构数量的30%；对于D级和E级社会监测机构，现场抽查比例为评定机构数量的100%；对于E级社会监测机构和当年不予评定等级的社会监测机构，还将结合投诉举报等情况，增加检查频次。二是对信用风险等级为A级和B级的社会监测机构，市、区两级生态环境部门可在政府采购中优先选择其提供的生态环境监测社会化服务，对其办理的行政许可事项提供便捷服务；优先安排生态环境科技项目立项、专项资金或者其他资金补助；在组织有关表彰奖励活动中，优先授予有关荣誉称号。鼓励各类企业事业单位在购买生态环境监测社会化服务时，优先选择信用风险较低的社会监测机构。

安徽省对社会生态环境监测机构环境开展信用评价，信用评价采用年度集中评价和动态调整相结合的模式。年度集中评价周期为一年。信用评价指标包括基本素质、业务执行、经营管理、荣誉创新、不良记录五类一级指标，环境信用等级由高到低为A级、B级、C级、D级四个等级。在信用信息的采集上，市级生态环境主管部门应及时归集并在评价系统记录参评机构的信用信息变化情况。评价结果的应用分为两个方面，一是分级分类监管，各级生态环境主管部门应根据信用等级评价分类结果，合理确定、动态调整抽查比例和抽查频次，实施差异化监管。对于A级社会生态环境监测机构，可合理降低抽查比例和抽查频次，除投诉举报、转办交办案件线索及法律法规等另有规定外，根据实际情况可不主动实施现场检查；对于B级社会生态环境监测机构，按常规比例和频次开展抽查；对于C级社会生态环境监测机构，实行重点关注，适当提高抽查比例和频次；对于D级社会生态环境监测机构，实行严格监管，有针对性地大幅提高抽查比例和抽查频次，必要时主动实施现场检查。二是各级生态环境部门购买生态环境监测服务，应当优先选择信用好的社会生态环境监测机构。鼓励排污单位选择信用好的社会生态环境监测机构提供自行监测、环境管理体系认证和清洁生产审核等生态环境监测服务。

江苏省对在本省承接生态环境监测业务的社会服务机构开展信用评价，实行动态评价，信用等级分为五级，由优到劣以绿色、蓝色、黄色、红色、黑色标识，生态环境部门，根据监测服务机构环保信用信息，对其信用状况进行评价，确定环保信用等级并向社会公开。评价结果的应用分为两个方面，一是分级分类监管，对绿色等级的监测服务机构降低随机抽查频次，并在政府购买服务、生态环境科技项目申报、专项资金补助、评先评优等方面予以鼓励；对红色、黑色等级的监测服务机构加大随机抽查频次，在政府购买服务、生态环境科技项目申报、专项资金补助、评先评优等方面予以限制。二是对环保信用等级长期为黑色、违法违规情节严重的监测服务将其环保信用信息通报信用管理、市场监督管理等相关部门，依法依规采取联合惩戒措施。

湖北、湖南、广东、四川、浙江、重庆、内蒙古、辽宁、海南、青海、河南、广西等地均对社会环境监测机构开展了信用评价管理。

2. 环境影响评价报告编制单位和编制人员信用监管

2018 年 12 月修订的《中华人民共和国环境影响评价法》取消了建设项目环境影响报告书（表）编制机构资质行政许可事项，生态环境部于 2019 年 9 月 20 日印发《建设项目环境影响报告书（表）编制监督管理办法》及其配套文件《建设项目环境影响报告书（表）编制单位和编制人员失信行为记分办法（试行）》，构建和完善以质量为核心、以信用为主线、以公开为手段、以监督为保障的环评事中与事后监管体系，对规范环评市场起到了积极作用，特别是通过信用手段，形成了编制单位和编制人员守信名单、重点监督检查名单、限期整改名单、失信“黑名单”，一定程度上做到“一处失信、处处受限”，对规范环评从业行为、提升环境影响报告书（表）质量起到了明显的引导和警示作用。

对环境影响评价报告编制单位和编制人员的信用监管，可以分为以下两个层面。

一是在国家层面，通过全国性的环境影响评价信用平台，开展信息公开和失信计分。截至 2024 年 10 月底，已有 6 822 余家单位和 70 865 余名从业人员在全国环评信用平台建立诚信档案。市级以上生态环境主管部门将建设项目环境影响报告书（表）编制单位和编制人员作为环境影响评价信用管理对象（以下简称信用管理对象），将其纳入信用管理，生态环境部门在环境影响报告书（表）编制行为监督检查过程中，发现信用管理对象存在失信行为的，实施失信记分。《建设项目环境影响报告书（表）编制监督管理办法》列举了十项失信行为，并规定了实施失信记分的程序，包括应当履行告知、决定和记录等程序。通过失信计分，将环境影响评价报告编制单位和编制人员的信用类别划四个类别，分别为黑名单、限期整改名单、重点监督检查名单和守信名单。失信行为和失信记分相关情况在环境影响评价信用平台的公开期限为五年。禁止从事环境影响报告书（表）编制工作的技术单位和终身禁止从事环境影响报告书（表）编制工作的编制人员，其失信行为和失信记分永久公开。

二是在地方层面，浙江、广西等部分省级生态环境部门根据地方实际情况开展信用评价，根据信用评价结果实施分级分类监管和信用联合惩戒。例如，《浙江省环境影响评价机构信用等级管理办法》规定，环评机构信用等级评定内容包括建设项目环境影响报告书和环境影响报告表编制质量、环评机构服务质量、环评机构规范性和环评机构日常监管四个方面。环评报告编制质量、环评机构服务质量和环评机构规范性按一定权重赋予相应分值。其中，环评报告编制质量评分包括环评报告年度总评分、季度抽查评分、管理部门评分；环评机构服务质量评分包括环评报告编制时效评分、管理部门时效评分和建设单位满意度评分。环评机构信用等级分为A级、B级、C级、D级、E级五级。对D级环评机构通报批评并约谈机构负责人，当年度列入每次季度抽查必检名单，每次季度抽查至少8份环评报告。对E级环评机构，在D级惩戒措施的基础上，明确下一年度也列入必检名单，抽查环评报告份数增加到15份，同时取消下一年度A级评定资格。信用评定结果经公示征求环评机构意见后予以公布，环评机构有异议的可提出复核或申诉。评定结果纳入省公共信用信息系统、全国环评机构及环评工程师诚信系统实施联合惩戒。

3. 土壤污染风险管控修复从业单位信用管理

土壤领域主要对从事土壤污染状况调查和土壤污染风险评估、风险管控和修复、风险管控效果评估、修复效果评估、后期管理等活动的单位和个人执业情况进行信用记录。

《中华人民共和国土壤污染防治法》规定，应将土壤污染风险管控、修复从业单位和个人执业情况纳入信用系统建立信用记录，为土壤领域信用管理提供依据。生态环境部于2021年印发《建设用地土壤污染风险管控和修复从业单位和个人执业情况信用记录管理办法（试行）》，要求建立信用记录系统，记录有关从业单位和个人基本情况信息、业绩情况信息、报告评审信息、行政处罚信息和虚假业绩信息举报核实情况等信息，对土壤污染风险管控和修复的从业单位和个人开展信用记录管理。2022年1月启用建设用地土壤污染风险管控与修复从业单位和个人职业情况信用记录系统，截至2023年10月底，已记录从业单位信用11542余条、从业个人信用53504余条[①]。

---

①建设用地土壤污染风险管控和修复从业单位和个人执业情况信用记录系统，http://soilcredit.mee.gov.cn/#/XYJL，2024年10月29日查询。

部分地方也探索开展了相关工作。四川省于2021年9月印发《关于做好建设用地土壤污染风险管控和修复从业单位和个人执业情况信用记录管理工作的通知》，启用土壤从业单位信用管理工作和启用信用记录系统。山东省于2021年修订印发《山东省企业环境信用评价办法》，将土壤（含地下水）污染风险管控和修复纳入企业环境信用评价，对其擅自对外出具检测数据结果或出具虚假数据报告等行为进行失信计分。

4. 其他第三方环境服务单位的信用监管

部分地方对碳排放核查与技术服务机构进行信用评价。上海市于2021年印发《上海市碳排放核查第三方机构监管和考评细则》，对碳排放核查的工作合规情况、核查工作质量等进行百分制扣分，按照最终得分高低分为优良、合格、不合格三个等级。2021年对为上海市生态环境局提供碳排放核算的12家机构进行了预打分。浙江省于2020年印发《浙江省重点企（事）业单位温室气体排放核查管理办法（试行）》，从核查机构的核查报告质量、现场核查活动规范性和核查机构内部管理等方面进行环境信用评价，以1 000分为基准扣分，结果按照分值高低划分为A级、B级、C级、D级、E级五个等级。2021年度12家碳报告核查技术服务机构中A级8家、B级4家。《广东省碳排放管理试行办法》规定，建立核查机构信用档案，及时记录、整合、发布相关信用信息。《广东省碳排放信息核查工作管理考评暂行办法》将核查过程以及评议过程中出现规范性和完整性问题、未按时提交核查报告、未按要求反馈信息等问题作为核查机构综合绩效考核评价的依据。

河南、江苏、青海、甘肃等地对机动车排放检验检测机构信用监管开展探索。河南省于 2019 年印发《河南省生态环境服务机构环境信用评价管理办法》，明确了机动车排放检验机构环境信用评价指标及评分标准。截至 2023 年 9 月底，累计评价机动车排放检验机构 927 家，其中诚信 448 家、良好 320 家、警示 136 家、不良 23 家。江苏省于 2021 年印发《江苏省机动车排放检验机构环保信用监管暂行办法》，按照机动车排放检验机构受到环境行政处罚处理措施的情节严重程度初始分值为 9 分基础上进行扣分。青海省于 2021 年印发《青海省企业环境信用评价管理办法（试行）》，将机动车排放检验机构纳入企业环境信用评价范围。甘肃省 2021 年印发《关于加强机动车排放检验机构监督管理的通知》，对全省机动车排放检验机构实行记分管理。

第二节
环境信用信息的内涵

环境信用监管体系发端与环境信用评价，环境信用评价管理中一般不使用环境信用信息的表述，多使用环境信用评价指标的表述。而环境信用评价指标，在实质内容上，可以视为环境信用信息。因此，本书对环境信用信息内涵的分析，主要是基于环境信用评价指标现状进行分析。

《公共信用信息目录》提出，“除法律、法规或者党中央、国务院规范性文件另有规定外，公共管理机构不得将本目录以外的信息纳入信用记录”。但《公共信用信息目录》并未规定行业信用监管中信用信息的纳入范围，也未对行业信用评价的评价指标来源范围作出规定。各地在实践中，《公共信用信息目录》《办法试行》与《指导意见》所规定的信息范围均有涉及。为了呈现环境信用信息的适用情况，本书将 29 个省级地方的环境信用评价指标汇总比较后进行归类，分为七大类，再将各地适用情况归类，得出环境信用评价指标分类现状（图 4-1）。可以看出，各类环境信用评价指标在各地的适用并不一致，所有省级地方的环境信用评价指标中都包含违法违规信息，其他类型的环境信用评级指标，按照其适用地方的数量多少，从多到少依次为加分信息、督查或挂牌督办信息；企业内部环境管理制度或管理措施信息；群众投诉、信访与媒体监督信息、拒不履行生态环境损害赔偿责任信息；公共信用评价结果信息。

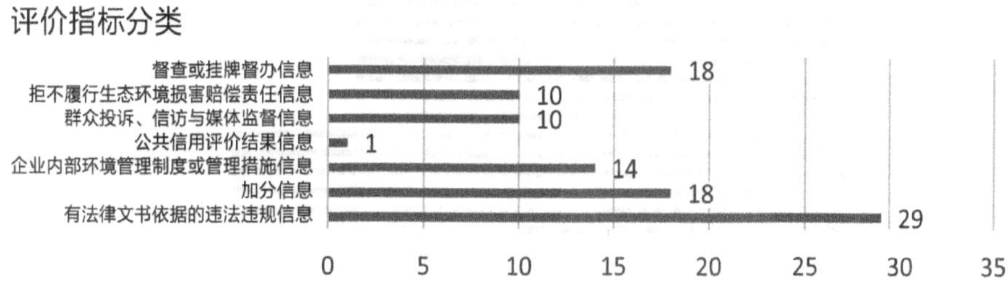

图 4-1　29 个省级地方的环境信用评价指标分布情况

根据上文对环境信用评价指标的七类分类方法，将各省级环境信用评价指标逐一对比归类，还可以进一步观察每个地方环境信用评价指标包含了哪些类型（图 4-2），由此可以基本获知每个地方的企业环境信用包含了哪些环境信用信息。得出 29 个省级地方的环境信用内涵所包含类型情况（图 4-2）。

可以看出，各地环境信用内涵差异较大，黑龙江、山东两地的企业环境信用内涵最简单，均为违法违规行为信息，不违法即信用佳。广东、贵州、四川、江西、安徽、河北 6 地环境信用内涵最丰富，包含了五类信息。

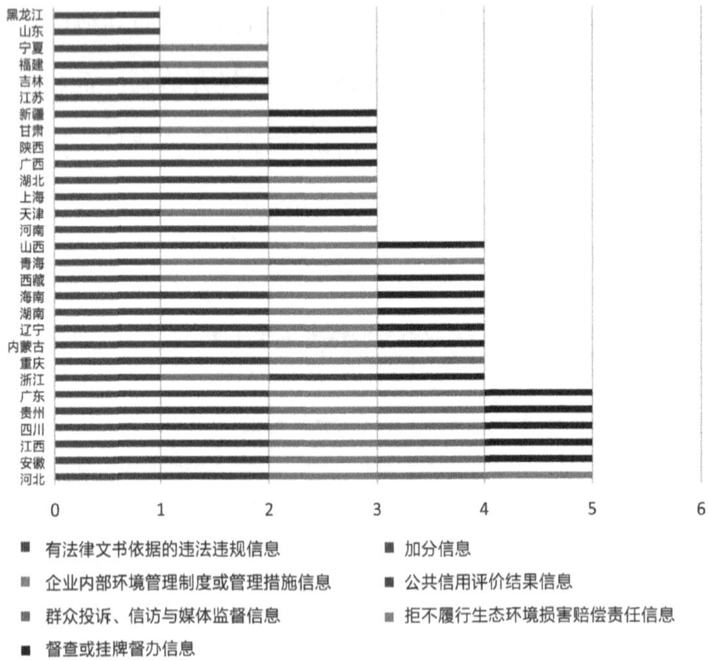

图 4-2　29 个省级地方的环境信用评价指标类型

第三节
环境信用评价方法

环境信用评价方法是指根据确定的信用评价指标与分级标准进行信用等级评定与划分的方法。虽然2013年《办法试行》规定了环境信用评价方法，但随着社会信用体系的不断发展，以及生态环境监管需求的提升，目前各地环境信用评价方法不一致，存在较大差异。

环境信用评价方法主要包含四部分内容：一是评价指标；二是评价等级划分方式；三是评价计分方式；四是评价周期。

（一）评价指标

环境信用评价指标是生态环境部门确定企业事业单位环境信用等级的依据。各地在开展环境信用评价时，既要考虑当地社会信用体系对于公共信用信息、行政处罚信息共享与公开的要求，也要考虑对企业事业单位环境行为开展信用监管的需求，指标在内容、类型上差异较大，可分为两个类型。

一是仅设置生态环境违法违规指标，评价指标主要为生态环境行政处罚信息。山东、宁夏、黑龙江 3 地的评价指标均为违法违规指标，不包括内部环境管理、行政奖励等指标。其评价指标数量较少，一般不超过 20 个。

二是设置包含生态环境违法违规指标在内的综合性指标，即综合考虑企业事业单位内部环境管理指标、社会责任指标、行政监督指标等。除上述 3 地外，其他地方均采用了综合性指标。综合性评价指标内容见前文所述环境信用信息内涵。

（二）评价等级划分方式

评价等级划分方式分为两类，一是四级制，即将环境信用评价等级划分为四个级别。例如，山东省的企业环境信用共分为四个等级，由好到差依次以绿、蓝、黄、黑四种颜色标识。二是五级制，即将环境信用评价等级划分为五个级别，通过 A、B、C、D 或诚信、良好、警示、不良等方式表征。例如，浙江省将企业环境信用分为 A 级（优秀，以绿色表示）、B 级（良好，以蓝色表示）、C 级（中等，以黄色表示）、D 级（较差，以红色表示）、E 级（差，以黑色表示）。目前大多数地方采用四级制，少数地方采用五级制。

（三）评价计分方式

评价计分方式可细分为三类，一是驾照式扣分评价，即设基准分 12 分，评价指标均为违法违规扣分指标，甘肃、浙江、山东、宁夏 4 地采用；二是设初始分的加减分评价，即设信用初始分为 70 分或 80 分，再根据评价指标中的加分项或减分项累计分数，陕西、内蒙古、湖北、湖南、辽宁、天津、重庆、广西、河北、江苏 10 地采用；三是综合累计评分，即不设初始分，评价指标包含加分项、减分项，评价等级由累计分数确定，安徽、广东贵州 3 地采用。

（四）评价周期

评价周期可细分为两类，一为周期评价，一个周期一般为一年，贵州的环境信用评价周期为 5 年；二为实时评价，设置评价指标的有效期，评价结果根据评价指标的有效期实时更新。目前，天津、浙江、河北、江苏 4 地为实时评价，其他地方均为周期评价。

第四节
环境信用差异化监管措施

环境信用差异化监管措施包括生态环境部门的信用分级分类监管措施与其他相关部门等实施的信用联合惩戒措施。环境信用差异化监管措施已形成以绿色信贷为重点，大力推动联合惩戒、融入式推进分级分类监管的多元化应用场景。

环境信用差异化监管措施的实施在不同的历史阶段有不同的侧重点，经历了以下三个发展阶段。

第一阶段，以绿色信贷为突破点。

环境信用监管的初衷是为了提高环境违法企业的违法成本，其最为直接的方式是加大企业环境违法的经济成本。国家环境保护总局、中国人民银行、中国银行业监督管理委员会于2007年发布《关于落实环保政策法规防范信贷风险的意见》（环发〔2007〕108号），提出加强环保和金融监管部门合作与联动，以强化环境监管促进信贷安全，以严格信贷管理支持环境保护，加强对企业环境违法行为的经济制约和监督，改变“企业环境守法成本高、违法成本低”的状况。该文件对金融机构的贷款审批流程提出明确要求，金融机构应依据国家建设项目环境保护管理规定和环保部门通报情况，严格贷款审批、发放和监督管理，对未通过环评审批或者环保设施验收的项目，不得新增任何形式的授信支持。金融机构应依据国家产业政策，进一步加强信贷风险管理，对鼓励类项目在风险可控的前提下，积极给予信贷支持；对限制和淘汰类新建项目，不得提供信贷支持；对属于限制类的现有生产能力，且国家允许企业在一定期限内采取措施升级的，可按信贷原则继续给予信贷支持；对于淘汰类项目，应停止各类形式的新增授信支持，并采取措施收回已发放的贷款。

同时，该文件还明确列出了环保部门向金融机构提供的环境信息，主要为：①受理的环境影响评价文件的审批结果和建设项目竣工环境保护验收结果；②污染物排放超过国家或者地方排放标准，或者污染物排放总量超过地方人民政府核定的排放总量控制指标的污染严重的企业名单；③发生重大、特大环境污染事故或者事件的企业名单；④拒不执行已生效的环境行政处罚决定的企业名单；⑤挂牌督办企业、限期治理企业、关停企业的名单；⑥环境友好企业名单；⑦企业环境行为评价信息；⑧其他有必要通报金融机构的环境监管信息。

在上述文件发布前不久中国人民银行发布《关于改进和加强节能环保领域金融服务工作的指导意见》（银发〔2007〕215 号），引导银行业金融机构严格信贷投放的环保标准，实施有差别的信贷政策。要求各银行类金融机构要严格控制对高耗能、高污染行业的信贷投入，加快对落后产能和工艺的信贷退出步伐。

上述两份文件奠定了我国绿色信贷的政策基础。政策发布后，江苏、浙江、河南、黑龙江、陕西、山西、青海等多地出台了有关绿色信贷的实施方案和具体细则。

江苏省各地环保部门与当地人民银行建立联系，定期向银行提供企业环境信息，银行以此作为信贷依据，坚持绿色信贷标准，合理配置信贷资源，防范环保信贷风险。对环境信誉良好的“绿色、蓝色”企业，简化贷款手续，积极给予信贷支持；对环境信誉欠佳的“红色、黑色”企业，严格控制贷款规模，禁止发放除更新改造治污减排设施外的任何新增贷款。对限期整改不到位的“黑色”企业，实施严密的贷后监测制度，为确保信贷资产安全，逐步收回存量贷款。

2007 年，江苏省江阴市对污染严重企业否决申请贷款超过 10 亿元，并收回已向这些企业发放的银行贷款超过 2 亿元。浙江省湖州市对该市重点污染企业进行排查，共涉及银行贷款 15.7 亿元，由贷款银行督促其限期整改实现达标排放，否则收回贷款；其中有 35 家企业因环保不达标退出贷款行列，涉及贷款金额 2.14 亿余元。广东省银行系统（除深圳以外）根据环保系统提供的环保违法信息，向 7 家企业限贷 4 亿元。深圳特区进行了对污染企业和金融机构的“双约束”，不仅对深圳统信电子有限公司等 5 家环保违法企业停止了 1.377 亿元的贷款申请；金融监管机构还对向环保违法企业发放贷款的两家银行进行了处罚①。

环境保护部办公厅与中国人民银行办公厅2009年发布《关于全面落实绿色信贷政策进一步完善信息共享工作的通知》（环办〔2009〕77号）。要求部门之间加强沟通联系，健全信息共享机制，明确责任部门和人员，并对工作流程中一些环节的操作时限作了明确规定。《国家环境保护"十二五"规划》（国发〔2011〕42号）明确提出"建立企业环境行为信用评价制度，加大对符合环保要求和信贷原则企业和项目的信贷支持。建立银行绿色评级制度，将绿色信贷成效与银行工作人员履职评价、机构准入、业务发展相挂钩"。

第二阶段，大力推进信用联合惩戒。

2016年，国务院印发了《关于建立完善守信联合激励和失信联合惩戒制度加快推进社会诚信建设的指导意见》（国发〔2016〕33号），目的是有效治理失信行为高发问题，使失信者付出足够的代价，并通过实施正面激励让守信者受益，做到让守信者一路绿灯、失信者处处受限，从而形成引导社会成员诚实守信的正确导向②。提出的措施包括行政性、市场性、行业性、社会性四大类，体现出一处失信、处处受限，一时失信、长期受限。失信惩戒具有强大的威慑力，各部门基于其监管需求开始签署联合惩

---

①马力．环保总局公布绿色信贷阶段进展[EB/OL].[2023-06-05].http://www.pubchn.com/news/show.php?itemid=49695.

②连维良．推进社会信用体系建设　营造公平诚信的市场环境[J]．中国经贸导刊,2016(21):5-6.

戒备忘录，有些部门还签署了联合激励备忘录。这些备忘录详细规定了各部门之间的开展信用惩戒的对象范围、惩戒措施、实施方式等。根据国家公共信用信息中心发布的新增失信联合惩戒对象公示及公告情况说明，截至 2019 年 7 月底，各部门共签署 51 个联合奖惩备忘录。其中，联合惩戒备忘录 43 个，联合激励备忘录 5 个，既包括联合激励又包括联合惩戒的备忘录 3 个①。

在社会信用体系建设的推动下，2016 年《联合惩戒备忘录》发布实施，文件规定，对环保领域违法失信单位和人员，由有关部门联合实施限制市场准入、行政许可或融资行为，停止优惠政策，限制考核表彰等惩戒措施。

实施环境保护领域跨部门联合奖惩，进一步加大了各地环保信用评价的实施力度，很多地方生态环境部门积极推动在金融领域实施联合奖惩措施。例如，安徽省制定了《安徽省银行业存款类法人金融机构绿色信贷业绩评价实施细则》（合银发〔2018〕244 号）、《安徽省企业环境信用与绿色信贷衔接办法（试行）》（皖环发〔2019〕1 号）两个配套文件，开展企业环境信用与绿色信贷衔接工作，加强生态环境部门与银保监会等部门之间的合作与联动，推进绿色信贷建设，优化信贷结构，防范因生态环境问题带来的信贷风险，充分发挥金融杠杆支持生态环境保

①国家公共信用信息中心．国家公共信用信息中心发布 7 月份新增失信联合惩戒对象公示及公告情况说明 [EB/OL].[2023-06-05].https://baijiahao.baidu.com/s?id=1641108645469196836&wfr=spider&for=pc.

护。从源头上遏制违法企业和高消耗、高污染行业无序发展，有效改变"守法成本高、违法成本低"的现状，不断提高企业的生态环境保护意识，促进经济社会协调和可持续发展。江苏省发展改革委与江苏省生态环境厅2019年联合出台《关于完善根据环保信用评价结果实行差别化价格政策的通知》，对环保失信企事业实施差别化电价政策。2020年，江苏银保监局与江苏省生态环境厅联合出台《关于加强环保信用建设推进绿色金融工作的指导意见》，建议省内金融机构依据环保信用评价结果对企业事业单位实施差别化信贷等政策。

第三阶段，着重开展环境信用分级分类监管措施。

分级分类监管是信用监管的最突出特点①，信用分级分类监管措施是根据信用评价结果对企业实施差异化监管措施，针对相对人的既往表现采取正向或负向的不同措施来实现监管目标②。2019年国务院办公厅印发了《关于加快推进社会信用体系建设构建以信用为基础的新型监管机制的指导意见》（国办发〔2019〕35号），提出建立健全贯穿市场主体全生命周期，衔接事前、事中、事后全监管环节的新型监管机制。在这一背景下理解环境信用监管，可以看出，其事后监管，特别是开展环境信用联合惩戒方面，在整个社会信用体系建设的推动下已经较为深入，但在事前、事中信用监

①国家公共信用信息中心．国家公共信用信息中心发布7月份新增失信联合惩戒对象公示及公告情况说明[EB/OL].[2023-06-05].https://baijiahao.baidu.com/s?id=1641108645469196836&wfr=spider&for=pc.

②王瑞雪．公法视野下的信用联合奖惩措施[J].行政法学研究，2020（3）:82-94.

管方面，特别是生态环境部门在生态环境监管的传统政策手段中如何融入信用监管，还有待进一步加强。因此，环境信用差异化监管措施的重点逐步转到事前、事中监管方面。

在事前阶段，环评审批“告知承诺制”在部分地方得到推行。2018 年 5 月 18 日，国务院办公厅发布《关于开展工程建设项目审批制度改革试点的通知》（国办发〔2018〕33 号），文件提出“推行告知承诺制”，规定“对通过事中事后监管能够纠正不符合审批条件的行为且不会产生严重后果的审批事项，实行告知承诺制。公布实行告知承诺制的审批事项清单及具体要求，申请人按照要求作出书面承诺的，审批部门可以直接作出审批决定。对已经实施区域评估的工程建设项目，相应的审批事项实行告知承诺制。在部分工程建设项目中推行建设工程规划许可告知承诺制”。《上海市建设项目环境影响评价文件行政审批告知承诺办法（试行）》（沪环规〔2019〕9 号）中，将环评审批告知承诺定义为：“公民、法人或其他组织提出建设项目环境影响评价文件的行政审批申请，生态环境主管部门一次告知其审批条件和需要提交的材料，申请人以书面形式承诺其符合审批条件，由生态环境主管部门作出行政审批告知承诺决定的方式。”2020 年 1 月 10 日，昆明市生态环境局公布的《昆明市生态环境局建设项目环境影响评价文件审批事项实施告知承诺制审批实施细则（试行）》（昆生环通〔2020〕4 号）规定审批告知承诺制是指“在工程建设项目审批领域，由市生态环境局公布告知建设项目环境影响评价文件审批事项审批条件和办理要求，公民、法人和其他组织（以下称申请人）以书面形式承诺其符合审批条件并承担相应的法律责任，提出行政审批申请，市生态环境部门直接做出行政审批决定的制度”。

环评审批的告知承诺制并非简单地停留在审批环节的信用承诺，而是以信用承诺为基础，符合条件的项目无须报批建设项目环境影响评价文件；对环境信用良好的企业免予或减少现场执法检查，做到“无事不扰”。告知承诺制通过行政审批程序创新，实现生态环境监管的重心从事前审批向事中、事后监管转移，同时将环境风险防控的治理任务交付给事中、事后监管体系，最大限度地化解环评审批程序与市场主体经营活动效率之间的紧张关系，达到优化营商环境的效果。2018 年 6 月，南京江北新区确定 2018 年第一批 9 家“信用承诺制”改革试点项目，试点项目由“先批后建”变为“先建后验”。试点项目在完成联合预审、联合踏勘、承诺文本公示、设计方案审查后，即可开工建设，原来需要前置办理的相关行政许可手续在竣工投产前完成。对于实施“信用承诺制”的项目，相关部门将加强风险监测防范，一旦发现企业在项目建设中存在违法违规、违背承诺等行为，责令立即整改，整改不合格的不得投产使用①。

在事中阶段，各地都在积极推进环境信用分级分类监管措施。生态环境部门在法定权限范围内根据环保信用评价等级实施不同类型的监管措施，环保信用好、生态环境风险低的，依法减少执法抽查频次、合理简化审批程序，优先安排补助资金，执行管控豁免等政策等；对违法失信、生

①贺震．以信用为抓手推动环境监管方式变革——江苏运用环保信用加强企业环境监管为例 [J]．绿叶，2019（Z1）：79-85.

态环境风险较高的，依法实施较为严格的生态环境监管措施，如增加执法检查频次、暂停各类生态环境专项资金补助等。分级分类监管在实践中运用较为广泛，如河北省，将企业划分为A类、B类、C类、D类、E类五个信用级别，对不同级别的企业采取差异化分类监管措施，对于A类企业，在符合相关条件下，可以享受纳入生态环境监督执法正面清单、生态环境监管正面清单等激励性措施；对于B类企业，合理降低检查频次，减少对企业生产经营的无谓干扰；对于C类和D类企业，采取加强日常监管、开展提示性约谈和警示性约谈、督促完善内部环境管理制度等管理措施；对于E类企业，及时将相关信用信息推送至信用信息共享平台和大数据应用平台，推动形成多部门联合监管合力。

信用分级分类监管在内容上不涉及减损信用主体权益或增加其义务，契合了生态环境监管中对不同生态环境守法水平监管对象的差别化管理、压减不必要的现场执法检查减轻企业负担的管理需求。目前各地积极开展环境信用分级分类监管措施，亟待在国家层面对其进行统一规范，将其融入现行生态环境监管体系。

综上所述，环境信用监管体系的实施存在以下问题：

一是顶层设计较为薄弱。2019年以来，党中央、国务院先后出台加快推进社会信用体系建设、构建诚信长效机制等一系列重要文件，明确了我国信用管理工作新思路，更加强调在法制轨道上开展信用评价，提出了建立事前事中事后全流程的新型监管机制、完善失信主体信用修复机制、促进信用信息共享和开放、强化对守信行为的激励等要求，但是当前环境信用评价制度顶层设计主要为2013年印发的《办法试行》，其管理思路与当前社会信用体系建设的要求已出现差距，且已不适应当前生态环境管理要求，亟需在国家层面制定出台新的指导文件。

二是环境信用信息管理较为薄弱，环境信用内涵不一致，环境信用信息范围交叉重叠，未建立全国环境信用信息平台，环境信用信息公开渠道分散，信息归集和共享机制不畅通，环境信用评价指标、环境信用信息及其与公共信用信息的关系不明确。

三是各地环境信用评价制度差异较大，各地在评价范围差别、评价流程、评价方法、信用等级等方面不统一；对于第三方环境服务单位信用监管尚未形成统一思路，环境信用信息的管理机制统筹协调不足，未充分发挥应有作用。

第五章 信用监管相关经验比较分析

第一节 国内信用监管相关经验分析

自2019年以来，国家对以信用为基础的新型监管机制建设提出具体要求，信用监管已成为构建国家现代治理体系、提升现代治理能力体系建设的重要手段。本章梳理分析若干领域信用监管机制的经验，为构建环境信用监管体系提供参考借鉴。

一、交通运输领域的信用监管

交通运输作为国民经济和社会发展的基础性、先导性产业，具有“点多、线长、面广”的特征。交通运输部结合交通运输行业特点，聚焦重点领域，开展交通运输领域信用监管制度建设，制定发布相关政策文件（表5-1），基本构建了以公路建设、水路运输和水运工程建设为主要内容的信用监管体系。

表 5-1　交通运输领域信用监管主要政策文件一览表

序号	政策文件
1	《关于加强交通运输行业信用体系建设的若干意见》（交政研发〔2015〕75 号）
2	《水路运输市场信用信息管理办法（试行）》（交办水〔2017〕128 号）
3	《公路水运工程试验检测信用评价办法》（交安监发〔2018〕78 号）
4	《公路建设市场信用信息管理办法（试行）》（交公路规〔2021〕3 号）
5	《公路施工企业信用评价规则（试行）》（交公路规〔2021〕4 号）

《关于加强交通运输行业信用体系建设的若干意见》提出要充分发挥各级交通运输主管部门在制度设计、标准制定和实施、监督使用中的作用，注重发挥市场机制作用，鼓励和调动社会力量广泛参与信息系统建设和第三方评价应用，聚焦工程建设、运输服务和安全生产等行业重点领域，完善信用制度标准体系，加快信用信息系统建设，完善信用评价监管制度，

推进信用信息应用。其中，在完善信用评价监管制度中提出要结合行业特点，分领域制定信用评价办法及评价标准，发挥行业学会、协会等中介组织作用，引导和规范第三方机构参与信用评价，建立完善交通运输行业失信行为目录，将信用等级确定为5级（AA级、A级、B级、C级、D级，分别对应好、较好、一般、较差、差），作为开展信用等级评价和奖惩的重要依据。

《公路建设市场信用信息管理办法（试行）》规定其信用信息包括从业单位基本信息、表彰奖励类良好行为信息、不良行为信息和信用评价信息，《水路运输市场信用信息管理办法（试行）》规定其信用信息主要包括基本信息、良好行为信息和失信行为信息等，上述政策文件均分类规定了不同类别信用信息的公开方式、公开期限以及应用措施。《公路水运工程试验检测信用评价办法》是对公路水运工程试验检测机构和人员的信用评价，涉及的是对第三方服务机构的信用评价。《公路施工企业信用评价规则（试行）》是为规范公路施工企业信用评价工作、统一方法和标准而制定的。

交通运输领域信用监管的主要特点为：一是监管主体和评价主体均是政府行政主体，即交通运输主管部门，由其不同业务部门分管水运、公路等不同领域。二是采用特定标准进行信用评级且结果公开，即由交通运输主管部门制定《公路施工企业信用行为评价标准》《公路水运工程试验检测机构信用评价标准》《公路水运工程工地试验室及现场检测项目信用评价标准》，将信用评价等级分为5个等级且统一公开。三是利用信用信息平台进行统一管理，即利用水路运输市场信用信息管理系统和公路建设市场信用信息管理系统及时发布市场主体信用信息，并在水路运输市场的信用信息管理中增加了对严重失信行为的名单制管理，除通过水路运输市场信用信息管理系统向社会发布外，还向“信用交通”和“信用中国”网站公开。公路水运工程试验检测机构信用评价结果在“信用交通”网站等交通运输主管部门指定的渠道向社会统一公示、公布。

二、市场监管领域的信用监管

2018 年国务院机构改革之后，国家市场监督管理总局（以下简称市场监管总局）在内设专门的信用监管部门，即信用监督管理司。信用监督管理司的职责主要包括四项，即负责拟订信用监督管理的制度措施，组织指导信息公示工作、信用分类管理和对市场主体登记注册行为的监督检查工作，承担企业信用信息公示系统的建设、管理工作与经营异常名录、“黑名单”的建立工作，以及协调联系市场主体监督管理信息和公示信息归集共享、联合惩戒工作。市场监管领域信用监管主要政策文件见表 5-2。

表 5-2　市场监管领域信用监管主要政策文件一览表

序号	政策文件
1	《关于加强重点领域信用监管的实施意见》（国市监信发〔2021〕28 号）
2	《市场监督管理信用修复管理办法》（国市监信规〔2021〕3 号）

续表

序号	政策文件
3	《市场监督管理严重违法失信名单管理办法》（国家市场监督管理总局令　2021 年第 44 号）
4	《市场监督管理行政处罚信息公示规定》（国家市场监督管理总局令 2021 年第 45 号）
5	《关于推进企业信用风险分类管理进一步提升监管效能的意见》（国市监信发〔2022〕6 号）
6	《市场监管部门促进民营经济发展的若干举措》（国市监信发〔2023〕77 号）

《关于加强重点领域信用监管的实施意见》提出要以食品、特种设备等生产企业监管为切入点，推进直接涉及公共安全和人民群众生命健康的市场监管重点领域信用监管，不断完善企业信息公示、信用承诺、“双随机、一公开”监管、信用风险分类管理、失信惩戒、信用修复等制度举措。《市场监督管理信用修复管理办法》《市场监督管理严重违法失信名单管理办法》分别对市场监督管理部门信用修复管理和严重违法失信名单管理工作进行了规范。《市场监督管理行政处罚信息公示规定》要求市场监督管理部门公示行政处罚信息，应当遵循合法、客观、及时、规范的原则，进一步完善了行政处罚信息公示制度，明确了适用范围，形成具有梯次的行政处罚信息公示期限和信息公示、信用修复的闭环，客观上达到褒扬诚信经营、惩戒失信行为的效果，解决传统监管手段难以解决的问题，并对传统

监管起到补充促进作用。

《关于推进企业信用风险分类管理进一步提升监管效能的意见》立足于夯实市场监管基础、构建高标准市场信用体系，从实践层面部署了三方面的重点工作。一是企业信用风险分类管理的基础构建，主要包括企业信用风险分类指标体系、归集路径、系统支持、分类分级评价等基础性安排。二是企业信用风险分类结果应用。由市场监管部门对企业进行信用风险分类管理，科学、合理地配置监管资源。三是企业信用风险监测预警和处置。结合企业风险分类状况，及时有效地监测预警、研判处置企业风险，提高风险管理可预见性。

2022 年，在市场监管总局信用监督管理司的主持指导下，市场监管总局代码中心立足于市场监管部门职能和市场监管数据资源，编制过程中遵循客观经济规律，依法推进企业信用体系建设，通过对市场监管部门掌握的全量企业全生命周期的信用信息进行综合分析，发布了中国企业信用指数。中国企业信用指数突出“市场监管数据在企业信用领域的价值特征”与“市场监管数据结构基本特征”两项特征，用更加丰富的信用评价维度展现企业信用状况，实现全国企业信用水平的指数化呈现。从市场监管角度来看，信用评价水平指数的构建，能够客观反映企业信用状况的水平，为建立健全以信用为基础的新型监管机制提供有力的制度支撑。2023 年，市场监管总局开发建设的企业信用监管数据质量监测系统正式上线运行。2023 年 9 月，市场监管总局开始研究京津冀信用监管联动举措，探索建立信用监管区域协同机制，明确推进京津冀信用监管一体化、推动信用赋能京津冀协同发展的基本路径。同月发布的《市场监管部门促进民营经济发展的若干举措》将“深入推进企业信用风险分类管理”“强化信用约束激励”“完善信用信息归集共享公示体系，将承诺和履约信息纳入信用记录”等信用监管措施作为促进民营经济发展的重要举措。

市场监管领域信用监管的主要特点为：

一是监管主体和评价主体均是政府行政主体，即市场监管总局的信用监督管理司集信用监管和信用评级于一身对企业开展信用风险评价。二是采用通用 + 专业的企业信用风险分类指标体系，评价作为配置监管资源的内部参考依据，即市场监管总局建立相对统一的通用型企业信用风险分类指标体系，有条件的省（区、市）因地制宜构建具有地方特色的通用型企业信用风险分类指标体系，市场监管其他专业领域可以直接使用通用型企业信用风险分类结果，也可以构建本领域的分级分类监管机制。企业信用风险分为信用风险低（A 类）、信用风险一般（B 类）、信用风险较高（C 类）和信用风险高（D 类），分类结果作为配置监管资源的内部参考依据，不对社会公开。三是利用信用信息平台进行统一管理，即国家企业信用信息公示系统提供全国企业等市场主体信用信息的填报、公示和查询服务，公示市场主体的注册登记、许可审批、年度报告、行政处罚、抽查结果、经营异常名录、严重违法失信名单等信息。

三、能源领域的信用监管

国家能源局以信用制度体系建设为重要抓手，在机制及制度建设、信用平台建设、信用应用拓展等方面取得重要进展，围绕能源信用监管的不同阶段制定发布了一系列部门规章和规范性文件（表 5-3），建立了能源领域信用监管制度体系。

表 5-3 能源领域信用监管主要政策文件一览表

序号	政策文件
1	《能源行业信用体系建设实施意见（2016—2020 年）》（国能资质〔2016〕350 号）
2	《能源行业市场主体信用信息归集和使用管理办法》（国能资质〔2016〕388 号）
3	《能源行业市场主体信用评价工作管理办法（试行）》（国能发资质〔2017〕37 号）
4	《能源行业市场主体信用修复管理办法（试行）》（国能发资质〔2019〕22 号）
5	《能源行业市场主体信用数据清单（2022 年版）》（国能发资质规〔2022〕75 号）
6	《能源行业市场主体信用行为清单（2022 年版）》（国能发资质规〔2022〕75 号）
7	《能源行业信用信息应用清单（2023 年版）》（国能发资质规〔2023〕16 号）

《能源行业信用体系建设实施意见（2016—2020 年）》明确了能源行业信用体系建设的重点领域和重点任务，即以安全生产领域、工程建设领

域、节能环保领域、交易领域、统计领域、企业管理领域为重点领域，以建立信用信息归集和共享交换体系、推进信用信息公开与使用、完善信用评价体系等为重点任务，涉及的市场主体包括从事电力、煤炭、石油、天然气、新能源和可再生能源等能源的生产、供应、建设等相关活动的法人和其他组织。《能源行业市场主体信用信息归集和使用管理办法》，确立了信用信息的归集使用流程，随后以归集的信息建设能源行业法人和其他组织的信用信息数据库，进而建立完成信用信息共享交换平台和“信用能源”网站。

《能源行业市场主体信用评价工作管理办法（试行）》为能源信用监管补充了信用评价部分，并培育和引进了信用评价机构，以完成电力、煤炭、石油、天然气等能源市场主体的信用评价工作，并在“信用能源”网站上予以公布。其中，信用评价机构是指全国性能源行业组织，经国务院征信业监督管理部门许可或备案的第三方信用服务机构可与全国性能源行业组织合作开展能源行业信用评价工作。同月，国家能源局确定以新建的领导小组负责组织、协调和推进能源信用监管工作。

《能源行业市场主体信用修复管理办法（试行）》对能源行业市场主体不良信用信息修复工作进行了详细界定，鼓励和引导能源行业失信主体主动纠正失信行为，消除不良影响，以进一步促进全行业形成良好的诚信氛围。

自 2022 年开始，国家能源局陆续修订或出台《能源行业市场主体信用数据清单（2022 年版）》《能源行业市场主体信用行为清单（2022 年版）》《能源行业信用信息应用清单（2023 年版）》，至此“三清单”正式形成，系统规范了能源领域公共信用信息归集共享、失信行为分类及相应守信激励与失信惩戒措施的应用。《能源行业市场主体信用数据清单（2022年版）》根据国家能源局权责清单建立信用信息采集目录，区分公开属性，形成信用监管的数据基础；《能源行业市场主体信用行为清单（2022年版）》通过对数据清单所归集的行政处罚信息，对受行政处罚的能源行业市场主体的失信行为进行分类；《能源行业信用信息应用清单（2023年版）》通过公共信用综合评价，确定能源行业市场主体的信用状况，分类采取相应信用监管措施，三者有机衔接，形成监管闭环。

能源领域的信用监管主要特点为：

一是监管主体是政府行政主体，评价主体引入行业组织和第三方信用服务机构，即在能源监管主体上，内设了专门的能源行业信用体系建设领导小组和能源行业信用体系建设领导小组办公室。评价主体为全国性能源行业组织，经国务院征信业监督管理部门许可或备案的第三方信用服务机构可与全国性能源行业组织合作开展能源行业信用评价工作。二是采用特定标准进行信用评级且结果依法依规披露，即电力、煤炭、石油、天然气等能源市场主体的信用评价标准由全国性能源行业组织单独或联合第三方信用服务机构，依据能源行业信用体系建设领导小组办公室组织制定并经能源行业信用体系建设领导小组审定发布后的能源行业各领域评价标准，从市场主体履行社会承诺的意愿、能力和表现等方面进行综合评价。信用等级统一划分为AAA级、AA级、A级、B级、C级三等五级。信用评价结果记入信用档案，依法依规向社会披露，能源信用信息、严重失信主体名单对社会公开。三是利用信用信息平台进行统一管理，即以“信用能源”网站为窗口，对外实现能源信用信息、“红黑名单”等的公示和查询，要求能源领域部门、单位在行政管理和公共服务中使用，并健全与其他政府部门、行业组织的信用信息和信用评价结果的共享互通。

四、其他领域信用监管经验的启示

一是信用信息管理以及信用信息平台是信用监管的重要基础。信用信息一般是指监管主体记录的，以及行为主体在社会活动中所产生的、与信用行为有关的记录，以及有关评价行为主体信用状况的各项信息。信用信息管理包括信用信息的界定、归集记录、分类、共享、公开等。信用信息平台是盘活整个信用监管体系的枢纽，是沟通政府、市场、企业、社会对环保信用的供给和需求关系的桥梁。交通运输、市场监管和能源行业领域的信用监管均建立了国家层面的信用信息共享平台，统一为政府部门提供信息共享服务，对企业提供信息录入、信用评价服务，对社会提供信息公开、查询服务。市场监管领域将企业信用风险分类结果常态化运用于“双随机、一公开”等监管工作。能源行业领域将有些行业能源市场主体信用评价结果记入信用档案，依法依规向社会披露。

二是信用监管的实施有不同路径。一类是基础型，将信用深度嵌入行业监管，作为其分级分类监管的主要基础和依据，以市场监管部门为代表。主要做法为：推行“企业信用风险分类管理”，其分类结果不公开，计于企业名下服务于“双随机、一公开”等监管工作，作为配置监管资源的内部参考依据。同时，加大信用信息公示力度，依托公示系统，对重点领域屡禁不止、屡罚不改以及严重违法失信的企业，实施集中公示、重点曝光，并将经营异常名录、严重违法失信名单等信息嵌入重点领域审批、监管业务系统，主动向其他监管部门推送，依法依规实施联合惩戒。另一类是融入型，将信用融入行业监管，作为其分级分类监管的可选依据之一，以能源、交通运输领域为代表。在其行业监管基础上，根据信用评价结果，实施差异化监管措施。交通运输领域分别开展水路运输市场主体、公路建设市场主体的信用信息管理，归集监管对象信用信息，对信息进行分类，设置相应的公开期限，并在行业监管基础上实施激励惩戒措施。

第二节
相关国际经验比较分析

环境信用评价是借鉴了世界银行支持我国部分省、市开展企业环境信息公开、企业环境行为评价试点工作基础上进一步完善并发展起来的。本节梳理相关国际经验，主要关注对企业进行环境行为评级方面的国际经验，包括世界银行在印度尼西亚开展的环境信息公开项目、国际上金融投资领域的企业评级，如环境、社会和公司治理（ESG）评级、银行业赤道原则中专门针对企业环境信用开展评价的内容。以期为我国环境信用监管体系的改革和发展提供参考、借鉴。

一、ESG 评级

ESG 评级是由联合国前秘书长科菲·安南 2006 年牵头发起的“负责任投资原则”延伸而来，最初在欧美国家产生和应用，逐渐演变为一个由全球各地资产拥有者、资产管理者以及服务提供者组成的国际投资者网络。评价机构主要为商业机构和非营利组织，目前，已有多个国际组织发布了大量 ESG 体系相关原则指引。其中，联合国责任投资原则（PRI）和全球报告倡议组织的可持续发展报告指引是全球范围内使用较广的ESG框架。评级结构的评级指标往往多达上百个，数据来源丰富，包括企业定期发布的年报和社会责任报告、政府部门发布的数据和报章杂志等公开信息。计算方法以加权平均法为主，但也有趋势外推和成本分析等方法，部分评级还涉及了负向指标①。比较出名的有明晟、道琼斯、汤森路透、富时罗素、摩根士丹利等机构。评价对象是持有各种基金和投资组合的企业。ESG评价体系中环境方面的主要评价内容包括：温室气体排放、环境政策、废物污染及管理政策、能源的使用与消费、自然资源的使用与管理政策，生物多样性以及环境保护合规性等。

二、金融机构参考赤道原则对所投资项目开展评级

赤道原则是一套非官方规定的企业贷款准则，由世界主要金融机构根据国际金融公司的环境社会政策和指南制定的，旨在用于确定、评估和管理项目融资过程中所涉及环境和社会风险的自愿性原则。该标准于2002年10月由世界银行下属的国际金融公司和荷兰银行联合提出，并于2003年6月正式发布。目前最新版本为第4版。评价主体主要为金融机构，参与的银行有花旗集团、荷兰银行、巴克莱银行和西德意志银行等，我国兴业银行、江苏银行、贵州银行等宣布采纳赤道原则。评价对象是全球各行业总成本超过1 000万美元的新项目融资。评价内容是项目潜在的环境社会风险状况。评价结果按照环境或社会风险由高到低分为A类、B类、C类。

①陈宁，孙飞．国内外ESG体系发展比较和我国构建ESG体系的建议[J]．发展研究，2019（3）：59-64.

三、行政部门开展环境信用评价

印度尼西亚国家环境部1994年环境绩效评级（PROPER）项目，目的是通过公开披露企业环境绩效评级从而提高企业环境合规性水平。环境绩效评价主体是地方生态环境部门。自2012年开始，PROPER项目的监管责任转移到地方政府，环境部PROPER团队帮助各省培训现场检察员。评价内容是企业环境守法违法情况、环境治理情况等。评价结果按照环境绩效由低到高分为黑色、红色、蓝色、绿色和金色五个等级，评价结果既作为分级分类监管的依据，也对社会公开。

四、国际经验的启示

国际上，发达国家与发展中国家的环境信用评价有较大差异。在发达国家，信用评价主体以市场化服务机构或金融机构为主，其评价结果不对社会公开。在印尼等发展中国家，评价主体为政府环境部门，评价结果对社会公开。在评价方法上，无论是发展中国家还是发达国家，主要是对企业的环境影响、污染治理能力和水平、守法违法情况等开展综合性评估。

从印度尼西亚PROPER项目的实施经验来看，有效的政府管理保证了该项目实施所需要的可靠信息，来自实施机构的领导以及外部利益相关者也为项目的顺利实施提供了大力支持。同时，技术方法有效、数据和分析可靠及定期公布结果是项目成功实施的关键技术要求。对于复杂的监测指标而言，简单的评级结果对公众来说更易理解和区分不同企业的环境绩效。通过颜色给出可视化的评级结果，并进行公开，一方面可以帮助企业了解自身存在的环境问题；另一方面给企业造成守法压力，促进企业采用清洁技术。PROPER 项目显著改善了工业企业的环境绩效，企业的守法情况和污染物排放水平均显著改善。

从发达国家的国际经验来看，其评价具有以下特点：

一是评价内容聚焦企业环境管理能力。ESG 评级通过环境、社会责任、公司治理三个维度衡量企业经营投资活动对环境和社会的影响，环境方面重点评估企业在温室气体排放、废物污染及管理、能源使用和消费，自然资源使用和管理、生物多样性保护、环境合规等方面的情况。赤道原则是跨国金融机构在为发展中国家建设项目融资时，用来确定、评估和管理环境与社会风险的一套原则，主要对企业环境和社会表现进行评估。

二是评价主体为社会化服务机构或金融机构。ESG 的评价主体主要为摩根士丹利、汤森路透、富时罗素以及道琼斯等社会服务机构。赤道原则的评价主体主要为金融机构。

三是结果应用主要集中在金融投资领域。上述信用评价的结果，主要由企业或证券的投资者、银行以及保险机构运用到投资、贷款、保险业务中，直接影响企业或项目的贷款利率、保险费率等。

采用社会化的评级机构开展市场化的信用评级，可以最大限度地发挥市场对评级机构能力的促进作用，推动评级机构挖掘和获得更为丰富、完整的环境信用信息，其结果应用也更具有针对性和公信力。

第六章
构建以信用信息管理为基础的环境信用监管体系

第一节
社会信用体系建设的政策要求

近年来，党中央、国务院先后印发了11个社会信用体系建设的主要政策文件（表6-1），特别是2019年以来，先后出台加快推进社会信用体系建设等一系列重要文件，提出了信用管理工作的新思路。主要包括：一是建立健全贯穿企业事业单位全生命周期，衔接事前、事中、事后全监管环节的新型监管机制；二是进一步明确信用信息范围，依法依规实施失信惩戒，完善失信主体信用修复机制，提高社会信用体系建设法治化、规范化水平；三是信用要与国民经济体系各方面、各环节深度融合，发挥信用在畅通国民经济循环、构建新发展格局中的基础和保障作用。

表 6-1　党中央、国务院印发的 11 个社会信用体系建设的主要政策文件

序号	政策文件
1	《国务院关于印发社会信用体系建设规划纲要（2014—2020 年）的通知》（国发〔2014〕21 号）
2	《国务院关于批转发展改革委等部门法人和其他组织统一社会信用代码制度建设总体方案的通知》（国发〔2015〕33 号）
3	《国务院办公厅关于运用大数据加强对市场主体服务和监管的若干意见》（国办发〔2015〕51 号）
4	《国务院关于加强政务诚信建设的指导意见》（国发〔2016〕76 号）
5	《国务院办公厅关于加强个人诚信体系建设的指导意见》（国办发〔2016〕98 号）
6	《国务院关于建立完善守信联合激励和失信联合惩戒制度加快推进社会诚信建设的指导意见》（国发〔2016〕33 号）
7	《关于加快推进失信被执行人信用监督、警示和惩戒机制建设的意见》（中共中央办公厅、国务院办公厅，2016 年 9 月 25 日）
8	《国务院办公厅关于加快推进社会信用体系建设构建以信用为基础的新型监管机制的指导意见》（国办发〔2019〕35 号）
9	《国务院办公厅关于进一步完善失信约束制度构建诚信建设长效机制的指导意见》（国办发〔2020〕49 号）
10	《国务院办公厅关于印发加强信用信息共享应用促进中小微企业融资实施方案的通知》（国办发〔2021〕52 号）

续表

序号	政策文件
11	《关于推进社会信用体系建设高质量发展促进形成新发展格局的意见》（中共中央办公厅、国务院办公厅，2022 年 3 月 29 日）

国家发展改革委作为社会信用体系建设牵头部门，近年来先后印发多个文件（表 6-2），规范社会信用体系建设，推动信用信息共享共用，主要包括：

一是严格目录清单管理。2021 年，国家发展改革委会同有关方面，制定《全国公共信用信息基础目录》和《全国失信惩戒措施基础清单》，明确了公共信用信息范围、失信惩戒措施内容以及依据的法律法规条款，规定了公共管理机构不得超出清单所列范围采取失信惩戒措施。2022 年和 2024 年，对上述两个文件进行调整完善。

二是完善统一社会信用代码机制。针对当前社会信用体系中还存在的重复赋码、一码多赋等问题，会同有关部门进一步明确各类主体的赋码权责，推动统一社会信用代码作为唯一标识在各领域的广泛应用。

三是健全信用修复制度。制定《失信行为纠正后的信用信息修复管理办法（试行）》规范信用信息公示和修复渠道，统筹失信信息分类和修复规则，强化各部门信用修复系统协同联动，加快构建统一规范、科学高效的信用修复机制。

四是推进社会信用立法。目前《社会信用体系建设法》已通过社会信用体系建设部际联席会议审议。

表 6-2 国家发展改革委印发的信用监管主要政策文件

序号	政策文件
1	《国家发展改革委　人民银行　中央编办关于在行政管理事项中使用信用记录和信用报告的若干意见的通知》（发改财金〔2013〕920 号）
2	《关于全面加强电子商务领域诚信建设的指导意见》（发改财金〔2016〕2794 号）
3	《失信行为纠正后的信用信息修复管理办法（试行）》（国家发展和改革委员会令　2024 年第 58 号）
4	《国家发展改革委办公厅关于规范招标投标领域信用评价应用的通知》（发改办财金〔2023〕860 号）
5	《国家发展改革委办公厅　市场监管总局办公厅关于进一步做好信用修复协同联动工作的通知》（发改办财金〔2024〕33 号）
6	国家发展改革委、中国人民银行关于印发《全国公共信用信息基础目录（2024 年版）》和《全国失信惩戒措施基础清单（2024 年版）》的通知（发改财金规〔2024〕203 号）
7	国家发展改革委办公厅关于印发《2024—2025 年社会信用体系建设行动计划》的通知（发改办财金〔2024〕451 号）
8	《国家发展改革委办公厅　金融监管总局办公厅关于进一步提升融资信用服务平台服务质效深入推进“信易贷”工作的通知》（发改办财金〔2024〕548 号）
9	关于对《中华人民共和国社会信用体系建设法（向社会公开征求意见稿）》公开征求意见的公告（2022 年 11 月 14 日）

第二节
生态环境监管的现实需求

从整个社会信用体系建设的初衷来看，建设诚信社会的实质在于加强法律的实施[①]，环境信用监管体系也不例外，其最初目标在于通过绿色信贷的利率调节、信息公开等提高环境违法企业的违法成本，改善企业环境违法成本低的现象。环境部门通过向公众披露企业环境行为实际表现与社会公众、相关部门、工会和协会等共同构建环境保护“守信激励”和“失信惩戒”机制，解决环保领域“违法成本低”的不合理局面[②]。从2014年修订《中华人民共和国环境保护法》开始，环境法的制定和实施体现了重罚主义倾向[③]，这种重罚体现在民事责任、行政责任、刑事责任多个方面[④]，

①沈岿．社会信用体系建设的法治之道 [J]．中国法学，2019（5）:25-46.

②我国构建环保信用机制　望解决污染违法成本低问题－中新网，https://www chinanews.com/ny/2014/01-02/5688780.shtml.

③邓可祝．重罚主义背景下的合作型环境法：模式、机制与实效 [J]．法学评论，2018，36（2）:174-186.

④何江．环境重罚体系的轻缓化实施研究 [J]．湖湘法学评论，2023，3（3）:119-131.

例如，环境立法中罚款设定方式的多样化、罚款额度的巨额化、罚款双罚制等①。企业的环境违法成本得到显著提高，但环境执法的有效性、效率性与公平性问题却日益凸显②，环境执法开始加强对柔性、回应型、非强制性行政手段的运用③。环境规制手段从命令－控制型、经济激励型转到回应型④。

环境信用监管正契合上述背景转变，其覆盖事前、事中、事后监管环节，融合了自我规制、合作规制、风险规制、回应规制等理念，包含守信激励到提醒、警示、约谈、强化监管再到失信惩戒等手段⑤，加快构建环境信用监管体系是生态环境监管的现实需求。

首先，环境信用监管是深入打好污染防治攻坚战的必然要求。党的十九大明确提出坚决打好污染防治攻坚战，党的十九届五中全会明确提出深入打好污染防治攻坚战，从“十三五”时期的“坚决打好”到“十四五”时期的“深入打好”，必然要综合运用法律、经济、行政等政策工具。环境信用监管是复合型的政策手段，综合运用环保信用评价、

①吴卫星．我国环保立法行政罚款制度之发展与反思——以新《固体废物污染环境防治法》为例的分析 [J]. 法学评论，2021，39（3）:163-172.

②何香柏．我国威慑型环境执法困境的破解——基于观念和机制的分析 [J]. 法商研究，2016，33（4）:24-34.

③胡苑，黄冠宁．论基层环境行政中的柔性帮扶执法——基于对华北地区 A 镇的观察 [J]. 中国行政管理，2022（9）:40-49.

④谭冰霖．论第三代环境规制 [J]. 现代法学，2018，40（1）:118-131.

⑤彭錞．论信用监管的制度逻辑及其合法性与有效性 [J]. 华东政法大学学报，2024（3）:39-54.

环境信用信息刻画信用主体的环保信用画像并据此实施差异化监管。作为一种新型监管机制，环境信用监管强调依托信用评价或者信用信息对违法风险进行判断，并以针对性的监管安排防范、控制风险，强化法律实施，促进生态环境监管效能提升。环境信用监管机制强调的是全生命周期监管，不仅包括事前阶段，即在失信行为发生之前的事前阶段主要通过信用查询、信用承诺、诚信教育和信用报告等措施帮助行为人减少失信行为，还包括事中、事后阶段的信用监管，为深入打好污染防治攻坚战提供了更加精细化、更高效能的支撑。

其次，环境信用监管是提升生态环境治理现代化水平的重要标志。从监管手段来看，环境信用监管所独具的过程监管、精准监管、整合监管等理念，在提高生态环境执法精准度、降低生态环境执法成本、强化生态环境执法威慑力等方面存在制度优势，有助于监管资源优化配置和监管效能提升，是优化治理格局、推动治理现代化的重要制度创新，是生态环境治理现代化的重要标志。

最后，环境信用监管是生态环境领域促进形成新发展格局的有力抓手。环境信用监管，重在以用促建。目前，各地都在创新建设具有地方特色的环境信用监管体系，依法依规运用信用约束与激励手段，构建政府、社会共同参与的跨部门、跨领域的新型信用监管体系。对生态环境领域的违法失信主体，由有关部门实施限制市场准入、限制行政许可或融资行为、停止优惠政策、限制考核表彰等惩戒措施。环境信用评价等级较高、环境风险低的企业会获得更多的市场机会、行政奖励、稀缺行政资源等，其经营成本降低，在市场竞争中可获得更大优势。近年来，各地充分运用环境信用监管手段推动生态环境保护与经济社会发展深度融合，环境信用监管在调整产业结构、推动经济社会高质量发展方面发挥了积极作用。

第三节
优化环境信用监管体系的政策建议

《决定》将健全社会信用体系和监管制度列为市场经济基础制度，明确提出“构建环境信用监管体系”“加快建立民营企业信用状况综合评价体系，健全民营中小企业增信制度”“促进中介服务机构诚实守信、依法履责”等改革要求，对环境信用监管体系建设提出了更高要求。环境信用监管体系不仅是生态环境治理体系的重要内容，作为社会信用体系的必要组成部分，还是协同推进经济高质量发展和生态环境高水平保护的有力政策工具，通过环境信用信息、环境信用评价优化资源配置，开展信用承诺告知、信用差异化监管、信用修复、信用联合奖惩等促进形成良好营商环境，对促进国民经济循环高效畅通、构建新发展格局具有重要意义。基于本书对环境信用监管体系历史发展阶段的理解，以及对其基本构成的要素式解析，对环境信用监管体系的实施及主要问题的分析，参考其他领域的信用监管经验以及相关国际经验，本书提出了优化环境信用监管体系的政策建议。

建议进一步理顺环境信用监管的关键环节，以问题为导向增强政策供给，构建环境信用信息管理、环境信用评价并重的环境信用监管体系（图6-1）。

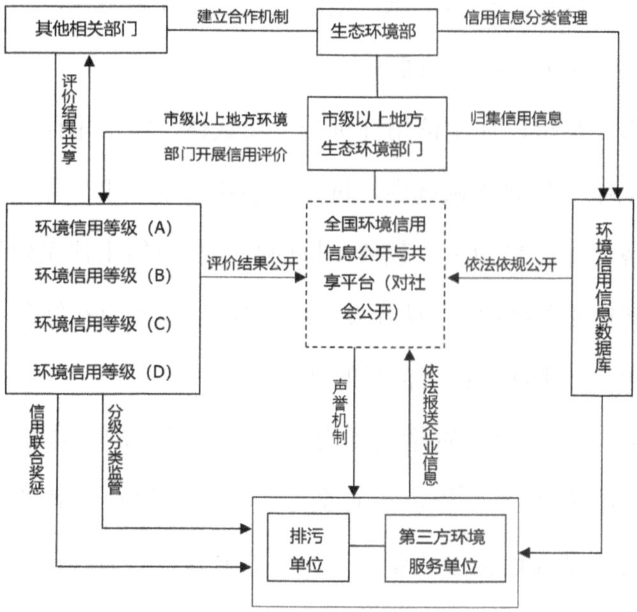

图 6-1　以信用信息管理为基础的环境信用监管体系示意图

一、建立分级管理、协同融入的环境信用监管工作机制

分级管理的环境信用监管的职责分工按照部—省—市三级分工负责。生态环境部负责组织实施全国的环境信用监管工作，制定环境信用评价标准，组织实施信用分级分类监管，强化信用监管的支撑保障，建立全国环境信用信息平台，组织开展环境信用信息归集、利用、公开和共享，推动其他相关部门实施激励惩戒措施。省级生态环境部门负责组织实施省级行

政区域内的环境信用监管工作，设区的市级以上地方生态环境部门根据分级管理原则，开展企业事业单位环境信用评价，实施信用差异化监管，归集本省行政区域内环境信用信息，依法利用、公开和共享，实施信用信息修复，推动其他相关部门实施激励惩戒措施。

协同融入，是指以环境信用评价为主要载体，将信用监管充分融入现有的生态环境监管各业务领域中，进一步强化事中、事后监管，优化监管效能；以环境信用信息为主要载体，协同联合社会信用体系建设联席会议成员单位的其他相关部门，推动开展信用联合奖惩，重点在绿色金融、财政、税收等领域建立基于环境信用信息的合作机制。

信用监管机制形成高质量发展合力。协同融入的工作机制不仅有来自生态环境部门的行政监管，还有金融、财政、税收等其他部门的联合惩戒措施，特别是绿色金融政策、差异化的财政税收政策等的激励惩戒；此外，还有来自社会公众的声誉机制形成的激励或压力。在多重激励约束机制的作用下，有助于激发环境信用主体诚实守信内驱动力，整体性地改善、提高自身环境行为，协同推进降碳、减污、扩绿、增长，形成高质量发展合力。

二、完善环境信用监管全流程政策措施

首先，加强环境信用评价的统一和规范。环境信用评价是整个环境信用监管体系中的重要环节，应当着力解决目前全国范围内环境信用内涵不统一，评价方法、等级不一致的问题，制定发布统一的环境信用评价方法，采用四级制环境信用评价，理顺环境信用评价工作机制，设区的市级以上

地方生态环境主管部门负责实施环境信用评价，以环境信用评价为基础依法依规实施分级分类监管，科学分配监管资源，引导市场主体自觉守法和加强执法监管并重。

其次，完善环境信用监管全流程政策措施。环境信用监管体系应当以环境信用信息的归集、利用、公开和共享为基础，衔接事前、事中、事后全监管环节，在工作内容上包含信用承诺、信用预警、信用评价、实施分级分类监管、环境信用信息管理、环境违法企业黑名单、信用修复、推动其他部门实施激励惩戒措施。完善全流程的环境信用监管体系，一是在全国范围内分别统一排污单位、第三方环境服务单位信用信息的范围、类型、归集、评价、公开和共享、修复的管理规则；二是在具备条件的环评等领域进一步推行告知承诺制，引导信用主体开展环境信用承诺，将信用承诺履约情况记入信用记录，作为事中、事后监管的重要依据；三是加强信用信息修复协同。建立健全统一规范、协同共享、科学高效的信用信息修复制度。畅通信用修复渠道，强化服务指导，加强环境信用信息修复与公共信用信息修复的协同。

三、建立全国环境信用信息公开与共享平台

信用信息平台是信用监管的重要工具和载体，有利于监管部门全面掌握企业环境信用大数据，提升监管效能，及时了解并掌握政策实施效果；有利于监管部门、第三方信用机构开展信用大数据利用，创新信用预警、帮扶与事中、事后监管措施；有利于信用主体及时了解自身信用风险状况，优化营商环境。应鼓励社会化的信用服务机构基于环境信用信息开发信用

产品，鼓励金融机构基于环境信用信息开发金融产品，推动环境信用资源得到更加科学、全面的统筹管理和价值评估，充分激发环境信用在促进社会资源优化配置中的巨大潜能。

后 记

环境信用监管体系内涵深刻，外延丰富，还处于发展过程中。本书基于“主体—客体—手段”的逻辑思路分析环境信用监管体系，希望能够建立一套环境信用监管体系的分析框架，并从政策实践的角度客观呈现环境信用监管体系的现状。我们认为，加快构建环境信用监管体系，可以为蓬勃发展的社会信用体系提供生态环境领域信用监管探索的样本、经验；更是生态环境治理现代化的重要体现，是生态环境领域促进形成新发展格局的重要抓手。

近年来，社会各界关注环境信用监管体系，对于环境信用监管体系的思考和研究层出不穷，其中有很多重要方面本书尚未涉及。例如，环境信用修复、黑名单、第三方环境服务单位的环境信用监管、环境信用监管与其他相关政策手段的协同关系等。未来，我们将进一步丰富研究素材，并深化相关理论基础的研究，推动环境信用监管体系研究继续深入。

在研究过程中，上海交通大学硕士研究生张倍函收集整理了环境信用评级的公开数据并开展相关统计分析，南开大学博士研究生姬展承担了部分文献综述、政策梳理等工作，在此致谢！